.

포스트 팬데믹 시대,
가짜 일을 걷어내고 본질에 집중하는 법

이제부터
일하는 방식이
달라집니다

강승훈 지음

위즈덤하우스

왜, 지금, 일하는 방식인가?

바쁜 꿀벌처럼 사는 우리 한국인. 하지만 생산성은 북유럽의 절반에도 미치지 못한다. 날갯짓만 요란할 뿐 꿀통은 텅 비어 있는 셈이다.

코로나19 사태 이후 일하는 방식을 바꿔야 한다는 목소리가 높아지고 있지만, 일하는 방식에는 그 이상의 의미가 있다. 우리가 일의 본질을 찾고, 새로운 일의 방식을 모색해야 하는 이유는 더 높은 가치를 창출해 승리하기 위해서다.

이제까지 우리는 일의 본질과 일을 바꾸는 방법에 대해 잘 알지 못했다. 때로 잘못된 방식에 안주하고 그것을 즐기기도 했다. 더 적게 일하면서 더 많이 거둘 수 있다면 그것이 바로 성장이다. 저성장 시대 새로운 성장의 기회는 우리의 일 속에 숨어 있다.

:: 조직과 리더, 일하는 방식을 바꿔야 한다 ::

코로나19 사태는 너무 빠르게 전 세계를 덮쳤고, 우리의 일터도 예외가 될 수는 없었다. 충분한 대비 없이 떠밀리듯 재택근무를 시작하게 된 기업과 구성원들은 무슨 일을 어떻게 해야 할지 몰라 당황하며 수많은 시행착오를 겪었다. 일이 제대로 돌아가지 않으면서 많은 조직이 작동을 멈췄다.

하지만 한편에서는 직접적인 만남과 의사소통이 없는 상황에서도 일과 조직은 어떻게든 돌아갔다. 흔한 경우는 아니었지만 불필요한 일이 없어지면서 오히려 일의 효율이 좋아졌다는 사람들까지 있었다.

갑작스러운 충격에 적절하게 대처하지 못한 것 또는 예상한 문제가 벌어지지 않은 것, 2가지 경우 모두 상황은 달라도 우리가 그간 해오던 일에 무심했다는 증거다. 모든 조직은 '일'이라는 토대 위에 서 있다. 하지만 우리는 일에 대해 당연히 하는 것으로, 특별히 점검할 필요가 없는 것으로 생각한다. 비극적인 코로나19 사태는 지금이 우리가 일의 본질에 대해 다시 돌아봐야 할 때임을 일깨워주고 있다.

"20세기 성장을 육체노동의 생산성 향상이 이끌었다면, 21세기는 지식노동의 생산성이 이끌어야 한다." 경영학계의 영원한 구루, 피터 드러커Peter D. Drucker가 한 말이다. 하지만 말처럼 쉽지는 않다. 눈으로 볼 수 있고 물리적으로 성과를 측정할 수 있는 육체노동과 달리 지식노동에 대해 우리가 알고 있는 것은 많지 않다.

피터 드러커는 "지금 우리가 지식노동에 대해 알고 있는 것은 20세기 초반, 테일러리즘이 도입되기 이전의 육체노동에 대한 지식수준에 불과하다"고 말한 바 있다. 바로 여기에 기회가 있다. 일하는 방식에 문제가 있다는 이야기는 바꿔 말하면 아직 개발할 수 있는 잠재적인 가치가 많이 남아 있다는 뜻이다. 지식노동의 생산성을 높일 수 있는 여지와 가능성은 무궁무진하다. 아직 거칠고 다듬을 데가 많은 우리의 일은 잘만 깎으면 아름다운 빛을 발할 다이아몬드 원석일 수도 있다.

조직과 리더는 구성원들을 독려하기 전에 우리의 일을 맛있게 요리하는 솜씨 있는 요리사가 되어야 한다. 더 높은 가치의 일을 만들어냄으로써 성과 창출과 개인의 만족을 모두 충족시킬 수 있다면, 어려운 상황에도 새로운 성장의 기회를 찾을 수 있다.

새로운 시장, 새로운 고객은 성장의 바탕이다. 하지만 성장의 기회는 그곳에만 있지 않다. 같은 시간 일하면서 더 많은 성과를 거둘 수 있는 일의 방식은 그 자체로 정체를 극복하고 성장을 이룰 기회이자 발판이다. 우리가 늘 하는 일 속에 기회가 숨어 있다. 조직의 성과 그리고 구성원의 행복을 위해 일의 본질을 찾아보자.

:: 메이웨더가 10년간 1조 원 이상을 번 비결 ::

깔끔한 50전 50승. 오직 승리뿐이었다. 진 적도 비긴 적도 없다. 2017년

은퇴를 선언한 미국 프로복서 플로이드 메이웨더 주니어Floyd Mayweather Jr.의 통산 성적이다. 50전 50승은 프로복싱의 전설 록키 마르시아노 Rocky Marciano가 1956년에 세운 49전 전승을 갈아치운 기록으로, 대단하다는 말을 하기 전에 앞으로 과연 누가 깰 수 있을지 의심스러운 업적이다.

벌어들인 돈도 엄청나다. 미국의 〈포브스Forbes〉는 2010년부터 2019년까지 자그마치 9억 1500만 달러를 벌어들인 메이웨더를 10년간 가장 많은 돈을 번 스포츠 스타로 꼽았다.[1] 10년 동안 혼자서 우리 돈 1조 원이 넘는 엄청난 수익을 올린 것이다. 어쩌면 우리에게 더 유명하다고 할 수 있는 스포츠 스타인 크리스티아누 호날두(Cristiano Ronald, 2위, 8억 달러), 리오넬 메시(Lionel Messi, 3위, 7억 5000만 달러)를 큰 폭으로 뛰어넘는 막대한 수익이다. 메이웨더는 몇 달에 한 번, 최대 12라운드, 즉 36분만 뛰면 되는 복싱 선수다. 실제 링 위에서 뛴 경기 시간을 기준으로 벌어들인 돈의 효율성을 따져본다면 정말 대단하다는 생각이 든다.

링 위에서도 그의 효율성은 빛난다. 오랫동안 세계 무대를 지배해왔지만 그는 특별한 하드 펀처, 즉 돌주먹도 아니고 남들보다 체격 조건이 좋지도 않다. 한계 체중이 58.97kg인 슈퍼 페더급에서 시작해 69.85kg이 한계인 라이트 미들급까지 다섯 체급이나 올린 그는 대부분의 경쟁자보다 왜소했다. 그런 그가 세계 최고의 자리를 유지한 비결은 '많이 때리고 적게 맞는 효율적인 복싱'이다.

그는 투혼과 근성을 앞세워 끝없이 주먹을 휘두르는 복서가 아니다.

상대에게 닿지 않을 주먹은 잘 내지 않는다. 화끈한 난타전을 좋아하는 팬들의 눈에는 얄밉고 비겁해 보일 때가 있다. 그가 팬만큼이나 많은 안티 팬을 지닌 비호감 복서로 꼽히는 이유이기도 하다. 그러나 주먹을 적게 뻗는다고 적게 맞추는 것은 아니다. 일단 주먹을 냈을 때, 명중시키는 비율은 언제나 상대를 압도했다.

통계가 입증한다. 복싱계의 슈퍼스타였던 후안 마구엘 마르퀘즈Juan Manuel Marquez와의 2009년 타이틀전을 살펴보자. 상대인 마르퀘즈는 경기 내내 583개의 주먹을 냈고, 그중 12%인 69개를 명중시켰다. 그러나 메이웨더는 그보다 훨씬 적은 493개의 주먹을 내면서 그중 59%인 290개를 명중시켰다.[2] 2014년 멕시코의 국민 복서 사울 알바레즈Saúl Álvarez를 상대로 한 경기에서도 알바레즈는 526개의 주먹을 던지고 그중 117개를 명중시켜 22%의 명중률을 기록했다. 반면 메이웨더는 그보다 적은 505개의 주먹을 냈으나, 훨씬 많은 232개를 맞춰 두 배가 넘는 46%의 명중률을 자랑했다.

무작정 주먹을 휘두르기보다 상대를 맞춘다는 본질에 가장 충실한 복싱. 그것이 메이웨더가 전승을 거두고 전 세계에서 가장 돈을 많이 번 스포츠 스타로 우뚝 선 이유이자 비결이다.

:: OECD 국가는 목요일 오전까지만 일한다? ::

이제 우리 눈을 사각의 링 못지않게 치열한 경제 전쟁의 한복판으로 옮겨보자. 우리의 성과는 과연 어느 정도 수준일까?

한국인은 참 부지런히 많이도 일한다. 2018년 기준 한국 노동자의 연간 노동시간은 1993시간으로 독일의 1363시간에 비해 1.5배나 된다. 하지만 오래 일한다고 많이 거두는 것은 아니다. 한국의 노동생산성은 널리 알려진 바와 같이 낮다.

2017년 기준 한국의 노동시간당 GDP는 미화 38.19달러로 OECD 평균 53.45달러의 71% 수준에 불과하다. 환산하면 우리가 5일, 40시간을 꽉 채워 만드는 가치를 다른 OECD 국가들은 단 3.6일, 28시간 만에 만드는 셈이다. 우리가 월요일에서 금요일까지 일주일 동안 해야 하는 일을 다른 OECD 국가에서는 대략 목요일 오전까지 다 끝내고 목요일 오후부터 주말을 즐길 수 있는 것이다.

차 한 잔과 함께 여유를 즐길 듯한 북유럽과 비교해보자. 노르웨이의 노동시간당 GDP는 우리의 두 배가 넘는 85.43달러다. 우리 노동자 둘이 달라붙어도 노르웨이 노동자 한 명에 뒤진다. 한 명이 백 명을 상대한다는 '일당백—當百'이란 말이 있지만, 우리가 노르웨이 노동자를 상대할 때는 '일당 0.5'란 말을 써야 하니 영 체면이 서지 않는다.

열심히 일하기보다 낮잠과 축제를 즐길 것 같은 남유럽도 마찬가지다. 스페인이 52.48달러, 포르투갈은 39.13달러로 역시 우리보다 시간당 생산성이 높다. 남만큼 해도 이기기 어려운 경쟁 시대다. 그런데 우리는 남들보다 낮은 생산성으로 경쟁에 뛰어들고 있다. 물론 생산은 노동 외에도 많은 요소가 관계되어 있어 단순 비교하기 어렵다. 그래도 이 정도 차이라면 그냥 넘기기 어렵다.

복싱에 비유해보자면 우리의 일하는 방식은 쓸데없이 주먹은 많이 내지만 막상 상대를 맞추지 못하고 애꿎은 허공만 때리는 삼류 복서에 가깝다. 지금까지 어떻게 버텨왔지만, 이제 제풀에 지쳐 곧 링 바닥에 쓰러질 수 있다.

:: 우리가 하는 것이 진짜 '일'일까? ::

참으로 열심히 일하는데 성과는 보잘것없다. "뿌린 만큼 거둔다"는 격언이 왜 우리에게 적용되지 않는지 궁금하다. 근로자들의 수준이 낮아서라 보기는 어렵다. 한국의 교육수준은 세계 최고를 자랑한다. 25세부터 64세까지의 인구 중 고등 교육을 마친 인구 비중은 49.0%로 OECD 평균인 36.9%를 훨씬 뛰어넘는다. 우리보다 생산성이 높은 노르웨이(43.6%), 독일(29.1%)도 우리에 한참 뒤처진다. 특히 한창 일할 나이인 24세에서 34세까지 인구의 고등 교육 이수율은 69.6%로 OECD 최고 수준이다. 살기 어려운 시절에도 교육열만은 누구에게 뒤지지 않았던 우리였으니 당연한 결과다.

좋은 답은 좋은 질문이 있을 때만 얻을 수 있다. 배울 만큼 배운 사람들이 남들보다 훨씬 많이 일해도 생산성이 낮다면, 우리에게 필요한 질문은 '얼마나 일해야 하는가'가 아니다. '어떻게 해야 성과를 내는 일을 할 수 있는가'다. 어쩌면 우리는 일의 본질을 잊고, 잘못된 방식으로 일하고 있는 것이 아닐까?

:: 본질을 버리고 바쁨의 함정에 빠지다 ::

우리는 일의 본질이라 할 수 있는 성과를 버리고 그저 바쁘게 보이는 것에만 만족하고 있는지도 모른다. 사업Business보다 그냥 바쁘기Busyness를 택한 것이다.

오랜 기간 농업을 해온 우리에게 근면은 곧 미덕이었다. 언제, 어떤 일을 해야 하는지 정해진 상황에서 남보다 부지런하면 일을 잘하는 것이었고, 남들이 일할 때 가만히 있으면 그 자체가 악덕이었다. 남보다 더 오래 그리고 열심히 일해 더 많은 수확을 얻은 경험에서 비롯된 이른바 '농업적 근면성'이 우리의 일상생활과 일을 지배했다.

경공업을 통해 국가를 발전시키던 시절에도 농업적 근면성은 유효했다. 숙련 기술이 필요 없는 단순 작업은 그저 오래, 남들보다 열심히 하는 것으로 충분했다. 이런 경험은 '바쁘게 움직이는 것이 곧 일을 잘하는 것이다'라는 관념이 되었다.

이제 경제개발 시대의 성공체험, 특히 농업적 근면성에서 비롯된 양 중심 사고가 지식사회 적응에 발목을 잡고 있다. 지식사회에서 높은 성과를 내는 국가와 기업들은 일하는 양보다 질에 의존하지만, 우리는 여전히 양만 바라본다. 물론 지식사회라고 게으름이 미덕은 아니다. 다만 단순히 바쁜 것만으로는 지식사회를 이끌 수 없다.

일의 본질은 성과다. 보람도 좋고, 기여도 좋고, 자아실현도 좋다. 하지만 적어도 조직에서의 일은 성과를 만들 수 있을 때만 의미가 있다. 시대가 바뀌면 성과를 내는 방법도 바뀌어야 한다. 하지만 우리는 바뀐 환경에 알맞은 새로운 길을 찾기보다 익숙한 과거 방식에 머물러 있다. 몸은 바쁘고 힘들지만, 성과는 나지 않고 그것을 또 양으로 극복하려다 보니 더욱 바빠지는 악순환에 빠져 있다. 일의 본질인 성과라는 궤도에서 이탈한 것이다. 지금은 새로운 일하는 방식이 필요하다. 양으로 승부하는 시대는 끝났다.

머리로는 그 사실을 알면서도 이를 외면하고 그저 바쁨에만 매달리는 이유가 있다. '나 바쁜 사람이야' 만큼 좋은 자기 위안이자 도피처가 드물기 때문이다. 머리를 싸매고 고민하는 것보다 일단 몸이 바쁘면 마음이 안정되고, 남들도 좋게 본다. 남의 시선뿐만이 아니다. 자신을 평가할 때도 마찬가지다.

사람들은 생산적인 일을 하고 싶어 한다. 실제 성과가 있다면 가장 좋겠지만, 어떤 경우에는 성과가 없어도 생산적인 일을 하고 있다고 착각한다. 바로 바쁠 때다. 무엇이든 부지런히 그리고 분주하게 하는 과정에서 스스로 '나는 쓸모 있다'라는 자존감을 느끼고 만족을 얻는다는 연구 결과가 이를 뒷받침한다.[3] 바쁘다는 것은 그만큼 수요가 있다는 이야기다. 또한 사회적으로 인정받는 사람이라는 인상을 준다. 사람들은 거기서 만족감을 느낀다. 성과를 정확히 측정하기 어려운 지식노동자의 경우, 바쁨의 함정에 더욱 빠지기 쉽다. 체면을 중요하게 생각하는 우리 문화에서 이런 경향은 더욱 심해진다.

우리는 성과를 외면하고 바쁨을 소비하며 살아간다. 스마트폰 일정 애플리케이션에 약속이 빽빽하면 그걸로 족하다. 하지만 성과보다 바쁨을 앞세우는 텅 빈 노동 속에서 우리 조직, 더 나아가 우리 경제 전체가 낮은 생산성에 멍들어간다. 이제 일의 본질로 돌아가 일하는 방식을 바꿔야 할 때다. 바쁘다는 자위를 얻기 위해 북유럽의 반도 안 되는 생산성을 눈 감고 넘어갈 수 없는 상황이다.

:: 3가지 결핍 때문이다 ::

여기서 생각해볼 것이 있다. 이제까지 우리가 일하는 방식을 바꾸기 위해 노력을 안 했던 것은 아닌데 왜 아직도 이 수준에 머물고 있을까?

사실 우리는 업무 효율화, 스마트 워킹, 업무 혁신 등의 다양한 이름으로 일하는 방식을 바꾸기 위해 노력했다. 단지 성과가 없었을 뿐이다. 특히 사무직 효율성 제고를 위한 노력은 '보고서를 줄이기 위한 방안의 보고서'와 '회의를 줄이기 위한 회의'라는 희극적인 또 다른 비효율만을 남기고 사라졌다. 가장 효율적이지 못한 방법으로 효율성에 접근했던 것이다.

갖은 어려움을 헤치고 성장해온 한국 기업은 그렇게 만만하지 않다. 그런데도 우리가 일하는 방식을 바꾸지 못한 이유는 3가지가 없었기 때문이다.《성공하는 사람들의 7가지 습관》의 저자인 스티븐 코비Stephen Covey는 "올바른 습관을 만들기 위해서는 지식Knowledge과 기술 또는 방법Skill 그리고 동기부여Motivation가 필요하다"고 말했다. 아쉽게도 이제까지 일하는 방식을 바꾸기 위한 우리의 노력에는 그 3가지가 모두 빠져 있었다.

우리는 무엇이 일의 본질인지 몰랐고, 잘못된 방식으로 일의 본질을 찾고자 했으며, 때로는 본질에서 벗어난 일을 즐겼다. 그것이 우리 일의 수준이 제자리걸음을 벗어나지 못했던 이유다. 그렇다면 우리에게 없었던 3가지 조각들에 대해 더 자세히 살펴보자.

결핍1. 일의 본질에 대한 지식

우리는 열심히 일했지만, 진정한 일이 과연 무엇인지 찾는 노력에는 게을렀다. 일의 본질을 찾으려는 고민 없이 과거에 하던 일을 다람쥐 쳇바퀴 돌 듯 반복했을 뿐이다.

아무리 열심히 공부해도 시험 범위 밖의 내용을 공부하고 있다면 좋은 성적을 거둘 수 없다. 마찬가지로 일의 본질이 무엇인지 모른 채 일하고 있다면 그것은 시간 낭비일 뿐이다. 당연히 성과를 기대할 수 없다.

일의 본질을 찾기 위한 첫 번째 퍼즐은 조직에서 일이 어떤 의미를 지니고 있는지, 왜 하는 것인지, 무엇이 본질에 충실한 일인지를 분명히 이해하는 것이다. 거기서부터 시작해야 한다.

결핍2. 일의 본질로 다가가는 방법

우리는 일하는 방식을 바꾸려 했지만, 그 방법은 알지 못했다. 올바른 방법이 무엇인지 몰랐기 때문이다. 그래서 일하는 방식을 바꾸려는 노력이 간헐적, 더 정확히는 발작적인 캠페인이나 대증요법에 그치는 경우가 많았다.

효율적으로 일하자는 구호를 스티커로 만들어 붙이거나, 회의실에 타이머를 설치해 회의시간을 통제한다. 보고서의 페이지 수를 제한하거나, 퇴근 시간이 되면 구성원들의 컴퓨터를 꺼버린다. 하지만 대증요법은 해결책이 아님을 우리는 이미 경험을 통해 알고 있다. 회의시간이 제한적이기 때문에 하나의 회의를 이름이 다른 여러 회의로 쪼개서 하거나, 회의가 끝나고 "이건 회의가 아닌 잡담이야"라며 다시 회의를 한다. 정해진 보고서보다 훨씬 양이 많은 참고용 보고서를 만들어 놓고 이건 참고자료일 뿐이라는 민망한 눈속임을 하기도 한다. 집으로 카페로 일을 싸서 들고 가는 경우도 적지 않다. 이와 같은 대증요법으로 인해 오히려 일은 더 늘어난다.

문제는 회의도 보고서도 야근도 아니다. 성과를 내지 못하는 회의, 보고서와 야근을 만들어내는 근본적인 이유를 찾아야 한다. 고열에 신음하는 환자를 얼음물에 담그는 엉터리 처방으로 잠시 열을 내릴 수 있을지는 몰라도 병을 낫게 할 수는 없다. 오히려 증상을 더 악화시킬 뿐이다.

결핍3. 일의 본질을 찾으려는 동기

어쩌면 세 번째 결핍이 가장 중요한 문제일지도 모른다. 사실 우리 중에는 일의 본질을 찾고자 하는 마음이 없는 사람들이 많다. 적극적으로 일의 본질을 왜곡하려는 사람들도 있다.

언뜻 이해가 되지 않을 수도 있지만 사실이다. 본질과 정도正道라는 것은 힘든 길이다. 편법은 언제나 쉽고 달콤하다. 정정당당한 노력으로 성과를 얻는 어려운 길을 버리고 편한 일을 하면서 인정받을 수 있다면 그것이 설사 일의 본질에 어긋난다 해도 괜찮다는 이기적인 마음을 버리기 어렵다.

앞에서 말한 지식과 방법의 결핍은 배움으로써 해결할 수 있다. 하지만 일하는 방식을 바꾸고 싶은 마음 자체가 없는 것은 매우 심각한 문제를 낳는다. 못하는 것이 아니라 일부러 안 하는 것이기 때문이다. 잘못된 방식을 모른 척하고 심지어 즐기는 비뚤어진 마음을 먼저 바로잡지 않는한, 일의 본질을 찾는 것은 요원할 것이다.

잘 안다고 생각했지만 사실 모르고 있었던 일의 본질을 찾기 위해 일하는 방식을 어떻게 바꿔야 할지 그 해답을 향한 여행을 시작해보자.

목차

2부

일하는 방식이
바뀌지 않으면
가짜 일이 생긴다

6장 일의 본질을 잃었을 때 나타나는 5가지 증상

7장 가짜 일의 유혹에 넘어가는 이유

8장 가짜 일은 조직을 이렇게 망친다

3부

일하는 방식
이렇게
달라져야 한다

1부

일하는 방식을
바꾸기 위한 4가지 키워드

한국 기업의 고질병인 낮은 생산성은 우리의 일이 성과 창출이라는 본질에서 멀어졌다는 방증이다. 주 52시간이 부족하다고 말하지만, 막상 일하는 시간의 40% 이상이 버려지고 있다.

우리가 왜 성과에서 멀어진 잘못된 일을 하게 되었는지 알아보고, 일의 본질에 충실하기 위해 필요한 4가지 키워드와 선진기업들은 일의 본질을 찾기 위해 어떤 노력을 기울이고 있는지 구체적인 사례를 통해 살펴보자.

1장
일하는 방식을 바꾸려면
본질부터 찾아야 한다

:: 생산성이 낮은 이유는 스파이 때문이다? ::

당신의 일터에도 스파이가 있을지 모른다. 다음 목록에 해당하는 행동을 하는 사람이 조직에 있는지 떠올려보자. 그는 어쩌면 일터를 망가뜨리려는 임무를 지닌 스파이일 가능성이 있다.

- 반드시 문서로 지시한다.
- 반드시 회의를 소집한다.
- 반복되는 문서 작업을 한다.
- 가급적 여러 사람이 승인하는 절차를 만든다.

- 모든 규정을 한 글자도 빠짐없이 적용해야 한다고 주장한다.
- 모든 문제는 회의(위원회)에 올려 추가적 검토나 연구를 하게 한다.

  회의에는 가급적 많은 사람(5명 이상)을 참여시킨다.
- 단어의 사소한 의미나 정확한 뜻을 물고 늘어진다.
- 지난 회의에서 결정된 일을 다시 끌어내 원점으로 돌린다.
- 부적절한 이슈를 자주 제기하며 딴지를 건다.

만약 목록을 읽고, 떠오르는 상사, 동료나 부하 직원의 얼굴이 있다면 그가 스파이는 아닌지 의심해볼 필요가 있다. 앞의 목록은 미국 첩보 기관이 적국의 생산 활동을 방해하기 위해 만든 '일부러 일 못하는 방법'의 일부이기 때문이다.

제2차 세계대전이 막바지로 치닫던 1944년, 지금의 미국 중앙정보국 CIA의 전신인 OSS Office of Strategic Service는 적국인 추축국 국민에게 뿌리고자 하나의 비밀문서를 만들었다. 그것은 다름 아닌 '일을 방해하는 방법의 설명서 Simple Sabotage Field Manual'였다.

미국 입장에서 추축국 국민의 파업은 일을 방해하는 가장 좋은 방법이었지만, 전쟁 중에 그런 적극적인 반항은 매우 위험한 일이었다. 이에 눈에 띄지 않게 일하는 척하면서 방해하는 방법들을 연구했고, 그 결과를 문서로 만들어 첩보 기관을 통해서 뿌렸다.

일 잘하는 방법을 다룬 책이나 글은 많다. 하지만 이 설명서는 아마도 사상 처음으로 어떻게 해야 일을 지독하게 못할 수 있는지를 다룬 문서다. 60년 이상 비밀문서로 남아 있던 이 문서는 지난 2008년 비밀에서 해제되면서 세상의 빛을 봤다.

진짜 저 문서를 보고 배웠는지 혹은 스스로 터득했는지는 중요치 않다. 직장에서 저런 방식으로 일하는 사람들을 자주 만난다면 일의 본질이 심각하게 망가진 것이라고 볼 수 있다. 더 좋은 방법을 찾아가며 열심히 일해도 성과를 내기 어려운 상황에서 일부러 못하는 방법을 따르는 구성원이 있는 조직에 밝은 미래가 있을 수 없다.

:: 일하는 시간의 40%가 버리는 시간 ::

우리의 생산성이 낮다는 사실은 앞에서 살펴봤다. 하지만 그것은 최종 성적표이자 증상일 뿐이다. 정확한 진단과 처방을 하기 위해서는 과연 어디가 어떻게 잘못되었는지 구체적으로 알아야 할 필요가 있다.

영국의 경제학자 노스코트 파킨슨Northcote Parkinson은 "일은 그것을 처리하는 데 쓸 수 있는 시간만큼 늘어난다"고 말했다.[4] 다시 말해 많이 일한다고 많은 성과가 나는 것은 아니라는 뜻이다. 오래 일하는 시간 속에 사실은 의미 없는 시간이 숨어 있을 수 있다.

우리는 평소에 얼마나 일하고, 얼마나 많은 시간을 낭비하고 있을까? 대한상공회의소 연구에 그 실마리가 있다. 9개 기업 45명의 직장인을 대상으로 수행한 2018년 조사 결과에 따르면, 한국의 직장인들은 하루 평

균 10시간 58분, 즉 11시간을 일터에서 보낸다.[5] 평균 근무 시간을 주 5
일로 환산하면 주당 54시간 50분이니, 식사 시간(하루 평균 1시간 14분)을
빼더라도, 40시간을 훨씬 뛰어넘어 52시간에 육박하는 수준이다. 이것
이 일반적이라고 하면 주 52시간이 부족하다는 말이 나올 만도 하다.

　하지만 이렇게 바쁘고 열심히 일하는 중에 생산성이 있다고 생각하는
시간은 많지 않았다. 응답자들은 "근무 시간(식사 시간 제외) 중 생산적인 시간
이 57%에 해당하는 5시간 32분에 불과하다"고 답했다. 뒤집어 말하면 근무
시간의 43%인 4시간 12분은 생산성이 떨어지는 시간이라는 뜻이다. 생
산성 있는 시간만을 주 단위로 환산하면 주 28시간에 약간 못 미친다. 알
맹이가 있는 시간만을 뽑아낸다면 주 30시간만으로도 지금과 같은 성과를
낼 수 있다는 이야기다.

　주 52시간이 적정한지는 앞으로도 많은 논의가 필요하다. 하지만 그
에 앞서 낭비되는 시간을 없애려는 노력이 필요하다. 근무 시간의 40%
이상이 낭비되는 상황에서 주 52시간이 적다고 말하는 것은 돈이 새는
주머니를 고치지 않고, 돈이 없다고 말하는 것과 같다.

:: 　우리의 일을 망가뜨린 악마의 삼각형　 ::

"행복한 가정들은 서로 비슷하지만, 불행한 가정은 불행의 이유가 각기
다르다." 레프 톨스토이Lev Tolstoy의 소설《안나 카레리나》의 첫 문장이

다. 일이 본질에서 벗어나 성과가 나지 않는 조직의 모습도 제각각으로 보이지만 그 모습들에는 하나의 공통점이 있다. 개인의 노력이 조직의 성과로 이어지는 연결고리가 끊어져 있다는 것이다. 개인의 노력과 조직 성과의 단절, 바로 일이 본질에서 벗어났다는 것을 의미한다.

어느 조직에나 구성원들은 노력과 시간을 투입해 일한다. 정상적인 조직에서는 그 일들이 모여 조직의 성과가 된다. 구성원 개인의 노력을 연료로 삼아 조직이라는 자동차가 움직이는 것이다. 이때 구성원의 노력을 조직의 성과로 바꾸는 엔진이 바로 우리가 하는 '일'이다.

그래서 조직은 일을 관리한다. 조직은 개인이 어떤 일을 해야 하는지 설계하고, 조율하며, 성과를 평가해 적절한 보상을 함으로써 구성원들에게 동기를 부여한다. 이 과정이 잘 돌아간다면 문제 없다. 하지만 어떤 상황에서는 이 장치들이 힘을 쓰지 못하고 고장을 일으킨다. 구성원의 노력이라는 연료는 소비되지만, 일이라는 엔진이 망가지고 바퀴는 돌지 않는다. 일의 본질에서 벗어난 조직의 모습이다. 구성원 개인의 노력과 조직의 성과 사이에 벌어진 틈만큼 일이 본질에서 멀어졌다고 할 수 있다. 이러한 고장을 만드는, 다시 말해 일을 망가뜨리는 3가지 원인이 있다.

- **사욕 추구** : 조직의 목표를 무시한 개인적인 이익 추구
- **제도 실패** : 구성원들의 노력을 엉뚱한 결과로 이끄는 잘못된 제도 운용
- **생각 마비** : 일을 바로잡는 자정 기능의 마비

구성원의 사욕 추구와 제도 실패, 생각 마비 이 3가지가 그리는 악마의 삼각형 한복판에 놓이게 되면 일은 걷잡을 수 없이 본질에서 벗어나 망가지고, 성과와 멀어진다. 악마의 삼각형이 어떻게 우리의 일을 망치는지 자세히 살펴보자.

내 이익만을 챙긴다

개인은 자신의 이익과 조직의 이익을 한 방향으로 맞춰가며 조화를 꾀한다. 그러나 때때로 구성원들은 사욕을 채우려는 유혹에 빠지고 그 수단으로 업무를 이용한다. 그때 일은 본질과 멀어진다.

게임 이론에 나오는 유명한 죄수의 딜레마를 떠올려 보자. 두 명의 공범에게 최선의 대안은 서로를 믿고 함께 범죄를 부인하는 것이다. 그러나 서로를 신뢰할 수 없는 상황에서 자신의 이익만을 위해 범죄를 자백하고, 결국 최악의 결과를 맞이한다.

비슷한 상황이 우리의 일터에서도 일어날 수 있다. 구성원들이 서로를 믿고 조직의 전체 목표를 위해 힘을 모아 노력해 큰 성과를 내고, 그것을 공정하게 분배한다면 나만의 이익을 위해 노력했을 때보다 더 큰 이익을 얻을 수 있다. 그러나 이기적인 행동을 했을 때 더 많은 것을 얻는 조직에서는 내 이익만을 챙기고 싶은 유혹에 빠지기 쉽다.

이기주의는 인간의 본능이라고 생각할 수도 있지만, 꼭 그런 것은 아니다. 생후 14개월의 어린아이들을 대상으로 한 실험에서 24명의 아이 중 22명은 아무런 조건 없이 본능적으로 어려움에 직면한 사람을 도우려는 태도를 보였다는 연구 결과가 있다.[6] 제대로 말도 못 하는 유아를 대상으로 한 실험이었으니 남을 위하는 마음을 학습한 것으로 보기는 어렵다. 오히려 인간은 상황에 따라 이기적으로 변한다고 보는 것이 타당하다.

수단과 방법에 상관없이 이기는 사람을 대접하는 세상으로 바뀌고 있다. 정의가 이기는 것이 아니라 "이기는 것이 곧 정의"라는 말도 낯설지 않다. 나만 살고 보는 각자도생의 문화 속에서 지금은 사욕 추구가 부끄럽지 않다.

조직도 예외는 아니다. 승패가 분명히 갈리는 경쟁이 곧 효율이라는 논리로 내부 경쟁의 승자에게 보상을 몰아주는 경우가 많다. 경영환경이 어려워지면서 남들과 나눌 자원의 절대량도 줄어들고 있다. 생존의 위협이 커지는 만큼 이타심의 자리는 줄어든다. 빡빡해진 일터에서 구성원들은 일을 조직의 목표가 아닌 사욕을 채우기 위한 수단으로 악용하기 쉽다.

제도 실패, 일을 엉뚱한 방향으로 이끈다

조직은 개인의 일탈이나 도를 넘은 사익 추구를 막고, 구성원의 노력을 조직 전체의 목표로 연결하고자 한다. 이를 위해 조직에 목표 설정과 평가, 그에 따른 인센티브 제도 등이 있는 것이다. 이런 제도는 구성원에게 올바른 목표와 방향을 제시한다. 넓은 의미에서 관습과 문화 역시 사람들의 이기심을 통제하는 수단이 된다. 자기의 이익만 앞세우는 사람은 나쁜 평판을 얻고, 예의 없는 행동을 하면 무례한 사람으로 배척당하는 것이 그 예다. 이처럼 조직에는 자신의 이익을 위해 부당하게 남의 이익을 해치는 것을 막는 장치가 많다.

문제는 이러한 장치들이 언제나 효과적인 것은 아니라는 점이다. 빠르게 바뀌는 경영환경을 제도가 반영하지 못하거나, 원래의 목적과 다른 제도가 만들어진 경우, 구성원들의 노력을 성과가 아닌 엉뚱한 방향으로 이끄는 제도의 실패가 발생한다.

예를 들어 개인의 성과를 한 줄로 세워 평가하는 방식은 구성원들을 내부 경쟁에 몰두하게 만든다. 성과와 관련 없는 노력의 투입으로 직원들을 평가한다고 가정해보자. 직원들은 오랜 시간 일하는 모습만을 보여주려 할 것이다. 객관적 근거보다 상사의 주관을 앞세우는 평가와 보상은 성과를 위한 노력을 상사의 환심을 사기 위한 행동으로 돌릴 수 있다. 또한 직위나 직책을 과도하게 강조하면 성과와 관련 없는 의전에 많은 자원을 쓰는 부작용이 발생할 수 있다. 잘못된 제도는 구성원의 일과 행동을 전체의 이익이 아닌 엉뚱한 방향으로 이끈다.

생각 마비, 가짜 일을 조직에 뿌리내리게 한다

건강한 사람은 회복 속도가 빠르고, 치유 과정에서 전보다 더 튼튼한 몸으로 거듭나거나 없었던 면역력을 얻기도 한다. 조직도 그렇다. 단기적으로 사욕의 추구나 제도의 실패가 발생할 수 있다. 그러나 건전한 조직은 잘못을 바로잡을 수 있고, 더 나아가 혁신할 수 있다. 스스로 발전하고 수정할 수 없는 기계와 달리 사람으로 구성된 조직은 스스로 돌아보고 계속해서 발전할 수 있다.

　하지만 자정 능력을 잃은 조직은 잘못을 바로잡지 못한다. 심리학에 '인지적 구두쇠Cognitive Miser'란 개념이 있다. 구두쇠가 돈을 아끼듯, 인간은 생각을 아낀다는 뜻이다. 사람들은 깊이 생각하는 것을 싫어한다. 모든 구성원이 생각하는 힘을 아끼는 구두쇠가 된다면 그 조직은 눈에 보이는 잘못도 바로잡을 수 없다.

　우리는 조직에서 쉽게 생각을 포기한다. 예를 들어 다양성을 무시하는 권위적 조직에서는 의견을 내는 것이 권위에 대한 도전으로 보인다. 그래서 우리는 생각을 멈추고 입을 닫아버린다. 일이 너무 많고 바쁠 때도 깊이 생각하지 않고 관성으로 일한다. 조직이 크고 복잡한 경우에도 생각을 쉽게 포기한다. 따라서 나의 일이 과연 올바른 성과와 연결되는 일인지 혹은 효율적인 일인지 늘 점검하고 개선하려는 노력을 지속하기란 쉽지 않다.

　독일의 철학자 한나 아렌트Hannah Arendt는 제2차 세계대전의 전범인 아돌프 아이히만Adolf Eichmann의 재판을 관찰하고 이를 책으로 펴냈다.[7] 수백만의 유대인 학살 실무를 처리했던 아이히만은 흉악한 살인마와는 너무 다른 이미지였다. 피고석에 서 있는 아이히만은 너무 선량하고 평범해 보였다. 그는 단지 나치라는 절대적 권위를 지닌 조직에 모든 생각을 맡기고 주어진 일을 충실하게 수행한 하수인에 불과했다. 아렌트는 생각을 포기한 아이히만의 태도를 '순전한 무사유Sheer Thoughtlessness'라 부르며, 평범한 사람들이 그토록 거대한 악을 저지를 수 있음을 '악의 평범성, 혹은 보편성Banality of Evil'이라는 말로 표현했다. 우리도 혹시 아이히만처럼 생각을 포기하고 잘못된 일을 하고 있지 않은지 되돌아볼 필요가 있다. 아무 생각도 하지 않는 것은 악한 생각을 하는 것만큼이나 나쁠 수 있기 때문이다.

:: 일의 본질이 사라진 빈자리를 채우는 가짜 일 ::

사욕 추구와 제도 실패, 생각의 마비로 일의 본질은 사라진다. 그 빈자리는 진공으로 남지 않고 '가짜 일'이 채운다.

가짜 일은 생산성에 도움 되지 않는 헛된 일이다. 앞서 봤던 첩보 기관에서 만든 '일부러 일 못하는 방법'에 해당하는 일들이 바로 가짜 일이라 할 수 있다. 가짜 일은 업무와 관계없는 인터넷 서핑이나 잡담, 흡연 같은 '딴짓'과 다르다. 딴짓과 가짜 일 모두 성과를 내지 못하지만, 그중 더 문제가 되는 것은 가짜 일이다. 딴짓은 눈에 잘 띄기 때문에 주변의 압력으로 어느 정도 통제가 가능하다. 딴짓은 기분 전환과 휴식의 효과가 있어 가끔은 그 속에서 새로운 아이디어를 얻기도 한다. 하지만 가짜 일은 바쁘게 일하는 것처럼 보이기 때문에 잡아내기 어렵다. 게다가 성과가 나지 않더라도 노력은 들어가기에 추가적인 휴식도 필요하다. 결국, 가짜 일이 많은 조직은 딴짓도 늘어나기 때문에 이중으로 손해를 볼 수밖에 없다.

가짜 일의 5가지 민낯, 5기

바쁘지만 성과를 창출하지 못하는 가짜 일은 일의 본질이 훼손되었음을 보여주는 대표적인 증상이다. 주변에서 흔히 볼 수 있는 가짜 일은 5가지의 '-기', 즉 '5기'로 요약할 수 있다.

- **보여주기** : 조직의 성과와 관련 없이 눈속임으로 나의 유능함을 드러내기 위한 과시적인 성격의 일
- **시간끌기** : 불확실한 상황에서 의사결정과 실행을 뒤로 미루기 위해 검토 등을 핑계로 시간을 끄는 일
- **낭비하기** : 의전 등을 명목으로 조직의 자원을 개인을 위해 함부로 사용하는 일
- **다리걸기** : 내부 경쟁에서 승리하기 위해 하는 내부총질 성격의 일
- **끌고가기** : 혼자 책임지지 않기 위해 관련 없는 주변인을 끌어들이는 일

앞서 말했듯, 가짜 일은 일의 본질이 사라진 빈자리를 채운다. 하지만 어느 수준 이상 자리 잡으면 가짜 일은 무서운 속도로 조직에 퍼져나가며 얼마 남지 않은 진짜 일마저 밀어낸다. 약한 몸에 바이러스가 퍼지면서 몸을 더욱 약하게 만드는 것과 같다.

잡초가 무성한 밭에서 작물이 자랄 수 없듯, 가짜 일이 퍼진 조직은 일의 본질에 다가갈 수 없다. 일의 본질로 다가가기 위해서는 무엇보다 앞

서 우리의 일 속에 숨어 있는 가짜 일을 제거해야 한다. 가짜 일이야말로 낮은 생산성의 원흉이기 때문이다. 하지만 가짜 일도 겉으로는 열심히 일하는 것처럼 보이기 때문에 구별하기 쉽지 않다. 5가지 가짜 일의 구체적인 모습과 원인에 대해서는 2부에서 자세히 다룰 예정이다.

:: 주 52시간 때문이 아니다 ::

"주 52시간이라고요? 한국도 선진국인데, 그렇게 많이 일하다니요." 노벨 경제학상 수상자인 폴 크루그먼Paul Krugman 뉴욕 시립대 교수가 2018년 전경련 대담에 초대받았을 때 했던 이야기다.[8] 주 52시간 근무도 너무 짧다고 생각하는 사람이 많지만, 폴 크루그먼의 생각은 전혀 다르다.

주 52시간 근무와 관련해서 여러 이야기가 있을 수 있다. 찬성하는 쪽에서는 노동 조건이 나아지고 일과 삶의 양립이라는 측면에서 바람직하다고 말한다. 기업의 부담이 커지고 경쟁력이 약해질 것이라는 반론의 목소리도 크다. 그러나 찬성이든 반대든 지금의 일하는 방식으로는 주 52시간 대응이 쉽지 않을 것이라는 의견에 모두 동의할 것이다.

노동시간 단축에 대한 논의는 지금까지의 일하는 방식을 되돌아보는 계기가 되었다. 그러나 우리의 눈은 여전히 생산성보다는 노동시간이라는 투입을 향해 있다. 노동시간 단축은 거스르기 힘든 흐름이다. 우리가 지향해야 할 미래의 모습이 우리보다 노동시간이 긴 멕시코나 코스타리카일지 아니면 더 적게 일하면서 더 많은 가치를 생산하는 선진국일지는 굳이 이야기하지 않아도 될 것 같다.

주 52시간을 계기로 이제까지 일했던 모습을 되돌아보고, 이를 발전적으로 바꿈으로써 새로운 성장의 기회를 찾아야 한다. 일의 본질을 찾아야 하는 이유는 주 52시간제에 대응하기 위해서가 아니다. 일하는 방식에 대한 고민은 더 높은 경쟁력을 위해서다. 폴 크루그먼의 말을 인용하지 않더라도, 이제까지 우리의 노동시간과 일하는 모습은 우리 수준에 맞지 않는 옷과 같았다. 설사 주 52시간제가 도입되지 않았어도 일의 본질을 찾아야 하는 이유는 너무도 많다.

커지는 인건비 부담, 해답은 일 속에 있다

우리 기업들의 인건비 부담은 끊임없이 커지고 있다. 한국경제연구원이 30대 그룹에 속한 164개 상장사를 대상으로 조사한 내용을 살펴보면, 매출액 대비 인건비율은 2011년 7.2%에서 2016년 9.6%로 올랐다.[9]

여러 산업을 망라하는 조사였던 만큼 인건비율이 높다 낮다를 객관적으로 판단하기는 어렵다. 그러나 분명한 것은 기업의 평균적 영업이익률이 5~6% 정도인 상황에서 지금과 같은 속도와 폭으로 인건비율이 계속 올라간다면 기업들이 버티기 어렵다는 점이다.

절대적인 인건비가 올라가는 것 자체는 자연스럽고 바람직하다. 직원들의 생활이 풍족해지고 있다는 뜻이기 때문이다. 그러나 인건비 지출의 원천이 되는 기업의 성과가 제자리걸음 혹은 뒷걸음질 치고 있는 상황에서 인건비만 올라간다면 어떨까?

인건비 상승은 앞으로도 계속될 가능성이 크다. 노동자들의 생활 수준이 높아지고, 과거의 기업이 제대로 보상하지 않던 초과근로 등에 대한 요구도 거세질 것이다. 저렴한 단순 노동보다는 비싼 숙련 노동이 필요한 시대로 바뀌고 있다는 사실도 잊어선 안 된다.

예전처럼 장시간 노동을 시키며 제대로 인건비를 부담하지 않거나, 산업의 발전을 무시하고 저임금만을 찾아 이동하는 것이 답이 되기 어려운 시대다. 치솟는 인건비를 감당하기 위해서는 일을 통해 더 높은 가치를 창출해야 한다. 성과와 관련 없는 일에 들어가는 시간과 비용을 최소화하고, 더 높은 성과를 거두는 방법에 대해 고민해야 한다. 다시 말해 성과라는 일의 본질을 다시 생각하고 파고들어야 한다. 그런 관점에서 일의 본질을 고민해야 하는 이유로 주 52시간제에 주목하는 것은 바람직하지 않다. 생산성에 대한 고민 없이 시간과 인건비만을 고려할 수 있기 때문이다. 지금은 적게 일하면서도 더 많은 성과를 거두는 방법에 대해 고민해야 할 때다.

인재들은 수준 낮은 일을 외면한다

100점 만점에 45점. 낙제점이다. 앞서 살펴본 대한상공회의소의 연구에서 한국 기업 구성원들이 우리의 일하는 방식을 평가한 점수다. 응답자들은 한국 기업들이 일하는 방식의 문제점으로 '구시대적 마인드' '일방적, 권위적 리더십 스타일' '주먹구구식 업무 프로세스' 등을 꼽았다. 일하는 방식이 낡았다는 뜻이다. 지식사회에서 구성원들의 창의성과 자발성은 중요하다. 하지만 실제로 일을 할 때는 아직 그런 요소들이 사치처럼 느껴진다.

나날이 높아지는 구성원들의 눈높이에 맞추기 위해서도 일의 본질과 일하는 방식에 대한 고민은 필요하다. 구성원들은 단지 돈이나 일과 삶의 균형만을 원하지 않는다. 조직에 보탬이 되는 것은 물론, 스스로 발전할 수 있는 일을 원한다. 입 다물고 열심히 하라는 식의 접근은 아무 생각 없이 일하는 좀비 같은 구성원을 양산할 수 있다.

많은 사람이 주 52시간제를 비판하며 서구의 선진기업 사례를 든다. 앞서가는 기업의 인재들은 시간에 구애받지 않고 성과를 거두기 위해 정말 열심히 그리고 많이 일한다는 것이다. 맞는 말이다. 실제로 아마존 등 최근 주목받는 기업은 치열한 업무 강도로 유명하다. 그러나 생각해볼 것이 있다. 과연 선진기업의 일하는 방식도 100점 만점에 45점 수준일까? 그들은 지식사회에서 중요한 것이 구성원들의 자율과 창의라는 것을 잘 알고 있다. 그리고 그에 걸맞은 일과 업무 환경을 마련하기 위해 노력하고 있다. 일의 수준을 높이려는 노력 없이 구성원들을 다그치기만 하는 것은 어떠한 의미도 없다. 시대에 걸맞은 창의적이고 자율적인 일의 방식을 이제는 고민해야 할 때다.

바쁠수록 멍청해진다

성과와 상관없이 과거의 방식으로 그저 열심히 바쁘게만 일하는 것은 단순히 좋지 않은 게 아니라 조직에 악영향을 미칠 수 있다. 사람이 기계처럼 일해도 되는 상황이라면 굳이 머리를 쓰려 노력하지 않아도 된다. 하지만 이제 그런 일은 많지 않다. 단순하고 반복적인 일들이 성과에 핵심적인 영향을 미치지 못하는 것은 물론, 그런 일들의 상당수는 저임금의 개발도상국으로 넘어간 지 오래다.

지식사회에서 중요한 것은 일하는 시간이 아닌 머리를 쓰는 것이다. 그러나 바쁠수록 사람들은 멍청해진다. 그냥 하는 말이 아니라 많은 연구를 통해 증명된 사실이다. 정신없이 바쁘고 수입이 적은 상황에 몰리면 지능지수IQ가 13포인트나 떨어지는 것으로 나타났다. 바쁘고 각박한 현실이 생각의 폭을 좁혀 사람을 바보로 만든다. [10] 바쁜 사람들은 다양하게 생각하기보다 그저 눈앞의 일에 매달리는 터널시각Tunnelling에 빠지기 쉽다. 새롭고 다양한 가능성을 모색해야 하는 지식노동 시대에 남들보다 앞서기 위해서는 불필요한 일을 최소화하고 성과를 내는 일에 집중해야 한다.

모든 것이 변한 팬데믹 이후, 일의 본질은 변하지 않는다

전 세계를 휩쓴 코로나19 사태로 한 공간에서 같은 시간 일하는 방식의 취약성이 낱낱이 드러났다. 많은 조직이 재택근무와 같은 대안적 근무형태를 선택했지만, 제대로 준비된 경우는 드물었다. 코로나19 사태를 계기로 일하는 방식이 바뀌어야 한다는 목소리가 한층 커졌다. 코로나19 사태와 같은 예측하지 못한 사건이 아니어도 일과 관련된 모든 것이 변하고 있는 시대다. 변화에 맞춰 일하는 방식도 끊임없이 변해야 한다. 그러나 바꾸는 행위 자체가 목적이 될 수는 없다.

미국의 컨설턴트이자 조직 이론가인 제프리 무어Geoffrey Moore 박사는 기업 활동을 진정한 차별화를 만들어내는 핵심Core 활동과 배경 혹은 맥락Context에 해당하는 활동으로 구분하고, 이 둘을 다른 방식으로 관리해야 한다고 했다. 같은 논리를 일에도 적용할 수 있다. 일을 구성하는 여러 요소 중에도 본질이 있고 주변 요소가 있다. 일의 변화 과정에서도 이 2가지 요소를 바라보는 시각은 달라야 한다.

일하는 장소와 시간이 바뀌어도 일의 본질은 바뀌지 않는다. 우리가 찾으려는 일의 본질은 핵심에 해당한다. 급한 상황일수록 이것저것 닥치는 대로 열심히 일하는 것이 중요하지 않다. 무엇을 지켜야 하고 무엇을 포기해야 하는지를 아는 것이 먼저다.

:: 일의 본질을 찾기 위한 나침반 ::

앞서 일이 본질에서 이탈할 수 있다는 사실과 무엇이 일을 본질에서 멀어지게 만드는지 그리고 일의 본질을 찾아야 하는 이유를 알아보았다. 낮은 성과는 결국 일의 본질이 훼손되었음을 의미한다. 지금은 본질이 무엇인지 살펴보고 본질에 충실해야 한다. 그러나 일만큼 널리 쓰이며 많은 것을 의미하는 단어도 드물다. 흔히 "내가 일이 있어서 바쁘다"라는 말을 자주 한다. 이 모든 의미를 포함하는 일은 정의할 수 없고, 본질을 찾기도 어렵다. 그렇다면 여기서 다루고자 하는 일의 범위와 성격을 정리해보자.

첫째, 현대 조직에서 목표 달성을 위한 일이다. 이 책에서는 조직에서의 일만을 전제로 본질적인 일의 의미를 찾는다. 취미 삼아 하는 일, 직업이라 할지라도 혼자 하는 일은 우리가 정의하는 일의 범위에서 제외한다. 조직에서의 일은 목표 달성에 기여할 수 있어야 한다. 그리고 조직의 다른 구성요소와 상호작용을 하며, 협력을 통해 시너지를 창출할 수 있어야 한다.

둘째, 다차원의 욕구를 지닌 인간이 하는 일이다. 동기부여를 연구하는 학자들은 인간의 욕구가 계층을 이루고 있다고 본다. 예를 들면 식욕이나 수면욕과 같이 동물에게도 있는 낮은 차원의 욕구부터 친한 사람들과 좋은 관계를 맺고 싶다는 사회적 욕구, 더 나아가 세상에 공헌하고 자아를 실현하며 의미를 찾는 고차원적이고 영적인 욕구까지 다양한 욕구가 층을 이루고 있다는 것이다. 우리가 찾아야 하는 일의 본질은 이 모든 욕구를 충족시킨다. 생계의 수단이 되고, 위험을 피할 수 있어야 함은 기본이고, 일을 통해 스스로 쓸모 있는 존재라고 느낄 수 있어야 한다. 이처럼 높은 수준의 욕구까지 만족시킬 수 있어야 본질에 충실한 일이라 할 수 있다.

셋째, 끊임없이 변화하는 환경에서의 일이다. 일은 상황이라는 맥락 속에서만 그 존재의 의미가 있다. 특정 상황에서 가치를 만들어내는 것만이 '일'이다. 예를 들어 계산기가 있는 상황에서 손으로 직접 계산하는 것은 노력이 많이 들어간다 해도 가치 창출에 도움 되는 일이라고 할 수 없다.

환경이 바뀌면 당연히 일도 바뀌어야 한다. 일도 세상과 같은 속도, 때로는 세상보다 더 빨리 변할 수 있어야 한다. 그것이 지금 세상에 필요한 그리고 적합한 일의 모습이다.

:: 일의 본질, 4가지 조건 ::

지금까지의 논의를 바탕으로 일의 본질을 정의해보자. 구성원들은 조직에 기여하는 일을 함으로써 조직 목표를 달성하고, 적절한 보상을 얻음으로써 경제적인 만족은 물론 보람을 얻고 성장할 수 있다. 그것이 바로 일의 본질이다.

이러한 일의 본질에 필요한 키워드로 다음 4가지를 제시한다. 그것은 명확한 목표Goal, 일관성 있는 정렬Alignment, 몰입을 이끄는 의미Meaning, 변화에 발맞춘 진화Evolution다.

- **목표** : 일에는 명확하고 올바른 목표가 있어야 한다. 목표 없이 그저 열심히 일해서는 본질에 다가갈 수 없다. 게다가 올바른 목표여야

한다. 개인의 사리사욕을 위한 일이나 조직의 목표와 상충하는 일은 좋은 일이라 할 수 없다.

- **정렬** : 일은 수직적으로는 최고경영자부터 조직의 말단에 이르기까지, 수평적으로는 동료 및 타부서의 일과 일관성 있게 정렬되어야 한다. 조직에서의 일은 고립되어 있지 않기 때문이다. 그 자체로 완결성 있고 충실한 일이라 하더라도 타인의 일과 상충하거나 혹은 중복된다면 본질에 충실한 일이라고 할 수 없다. 또한 모든 일은 조직의 목표와 밀접하게 연결되어 있어야 한다.

- **의미** : 일은 그 일을 수행하는 개인에게 의미와 가치를 제공함으로써 몰입을 유도할 수 있어야 한다. 단순한 생계 수단으로 어쩔 수 없이 해야 하는 일이라면 창의성과 몰입을 기대할 수 없다. 구성원들은 일을 통해 기여와 성장이라는 높은 수준의 가치를 느낄 수 있어야 하며, 더 나아가 주도성을 가지고 적극적으로 참여할 수 있어야 한다.

- **진화** : 일은 계속 발전해야 한다. 지금이 최선이라고 안주하는 일은 시대에 금방 뒤처질 수밖에 없다. 내용과 형식 모두 바뀌는 환경에 발맞춰 함께 진화해야 한다. 내용 면에서 일의 본질을 구성하는 3가지 요소, 즉 일의 목표, 일 사이의 정렬, 일의 의미는 계속 변화한다. 따라서 바뀌는 환경에서 적응할 수 있는 진화 능력을 갖춰야 한다. 형식 면에서도 기존의 방식을 뛰어넘어 시간과 장소에 구애받지 않고 가장 유연하게 일하는 방식을 찾아야 한다.

목표Goal, 정렬Alignment, 의미Meaning, 진화Evolution 각각을 의미하는 영어 단어의 첫 글자를 따서 'GAME'으로 기억하면 편하다. 일은 게임이다. 일은 원래부터 재미없는 것이 아니다. 우리가 재미없는 일을 만들어 재미없게 하고 있을 뿐이다. 올바른 목표를 가지고 주변 사람들과 협업하며, 의미 있고 발전적인 일을 한다면 당연히 조직 목표 달성에 기여하면서 보상과 함께 개인적인 성장과 보람을 얻을 수 있다. 그런 일이라면 재미를 느낄 수 있지 않을까? 마치 게임을 하듯.

일의 본질에 대한 고민 없이
일하는 방식은 바뀌지 않는다

우리는 주 52시간이 부족하게 느껴질 만큼 오래 일한다. 그러나 그중 40%는 버리는 시간이다. 이는 일의 본질이 심하게 훼손되었음을 뜻한다. 일이 본질에서 벗어났다는 것은 성과로 이어지지 않는 것을 의미한다. 일을 통해 내 이익만을 챙기는 사욕 추구, 일을 엉뚱한 결과로 이끄는 제도의 실패, 잘못된 일을 바로잡지 못하게 만드는 생각의 마비. 이 3가지가 일의 본질을 망가트리는 악마의 삼각형이다.

일의 본질이 사라진 그 빈자리는 '가짜 일'이 차지할 가능성이 크다. 가짜 일은 조직의 자원을 갉아먹지만, 게으름과 달리 눈에 잘 띄지 않는다. 흔히 목격되는 가짜 일은 5가지 유형, 즉 '5기'로 나눌 수 있다.

나만을 드러내기 위한 '보여주기', 의사결정과 실행을 미루는 '시간끌기', 조직의 자원을 개인의 이익을 위해 쓰는 '낭비하기', 동료를 향한 내부총질인 '다리걸기', 책임 분산을 위한 '끌고가기'가 5기다. 가짜 일은 잡초처럼 빠르게 퍼지며 일의 본질이 차지해야 할 자리를 빼앗는다.

일의 본질을 찾아야 하는 이유는 단지 주 52시간제에 대응하기 위해서가 아니다. 높아지는 인건비 부담을 해결할 열쇠는 생산성에 있다. 인재들의 눈높이에 맞추기 위해서도, 바쁜 와중에 잃어버린 생각하는 힘을 찾기 위해서도 우리는 일의 본질에 충실해야 한다. 그리고 일의 본질을 알아야만 변화 속에서도 일의 핵심을 유지할 수 있다.

일의 본질을 되찾기 위해서는 먼저 우리가 다루어야 할 일이 무엇인지를 명확히 정의해야 한다. 우리가 본질을 찾고자 하는 일은 개인적인 일이나 취미가 아닌 조직에서의 목표 달성을 위한 일이다. 또한 일을 통해 생계는 물론, 자아실현과 같은 높은 차원의 욕구까지 충족할 수 있어야 한다. 마지막으로 끊임없이 변화하는 환경에서의 일을 의미한다.

또한 일의 본질을 찾기 위해서는 4가지 조건이 필요하다. 먼저, 일에는 명확하고 올바른 목표가 있어야 한다. 두 번째로 일은 다른 일, 조직 전체와 일관되고 빈틈없이 정렬되어 있어야 한다. 세 번째로 일하는 사람에게 몰입할 만한 의미를 제공해야 한다. 마지막으로 일은 끝없이 진화해야 한다.

목표Goal, 정렬Alignment, 의미Meaning, 진화Evolution의 영어 단어 첫 글자를 따면 'GAME'이 된다. 이 4가지 조건을 모두 충족하는 일은 게임만큼이나 즐겁다.

다음 장에서는 일의 본질을 찾기 위해 해야 할 일을 다룰 예정이다. 일의 본질을 찾기 위한 4가지 조건, 그 의미와 중요성, 조건을 충족하기 위해 우리가 해야 할 일을 설명할 것이다. 기업들의 구체적인 사례를 통해 실제로 우리가 해야 할 일의 실마리를 찾아보자.

2장
키워드 1.
명확하고 올바른 목표

"어떻게 사랑이 변하니?" 영화 〈봄날은 간다〉 주인공인 상우(유지태)가 연인인 은수(이영애)의 마음이 바뀐 것을 보고 한 말이다. 순수한 상우의 생각과 달리 사랑은 변할 수 있다. 마치 언제까지 계속될 것만 같던 봄날이 가듯.

일의 목표도 사랑처럼 계속 변한다. 잠시만 생각의 끈을 놓고 시간을 보내면 어느새 목표와 관계없는 엉뚱한 일을 하고 있음을 깨닫는다. 조직의 목표와 정반대의 일을 하고 있을지도 모른다. 헛된 일을 하지 않기 위해서는 목표가 명확하고 올바른지 점검해야 한다.

일의 본질에 충실하기 위한 첫 번째 조건은 올바른 목표다. 일의 본질로 돌아가기 위한 첫걸음은 일의 목표를 분명히 하는 것이다.

:: 어떻게보다 중요한 것은 '왜' ::

기차여행을 떠난다고 생각해보자. 열차를 골라야 한다. 비싸지만 빠른 열차를 선택할 수도 있고, 조금 느려도 경치를 보며 갈 수 있는 열차를 택할 수도 있다. 속도보다 출발 시간이 중요할 수도 있다. 분명한 것이 하나 있다. 어떤 열차를 타야 할지 고민하기에 앞서 목적지를 먼저 정해야 한다는 것이다. 목적지와 상관없이 무조건 가장 빠른 열차를 택하는 사람이라면 엉뚱한 곳으로 갈 수 있다. 그것은 여행이 아닌 방황이다. 방황은 때로 낭만적이지만 일할 때는 아니다. 언제나 목표가 분명해야 한다.

우리는 일을 하면서 이런 당연한 사실을 잊곤 한다. 일을 잘한다는 말을 들으면 빠르고 정확하게 일을 처리하는 빠릿빠릿한 모습을 머릿속에 그린다. 어떻게 일하는지만 생각한다. 이는 열차의 종류에 불과하다. 더 먼저 생각해야 할 것은 목적지, 즉 무엇을 위해 그 일을 하는가다.

일이 본질에서 벗어났다는 것은 개인의 노력이 조직의 목표 달성으로 이어지지 않는 상태라고 정의했다. 그렇다면 일의 1차 목표는 당연히 조직에 대한 기여다. 누군가가 일을 잘하는지 혹은 못하는지 판단하는 첫 번째 기준 역시 기여도다.

아무리 능숙하게 일해도 개인의 사사로운 이익을 위한 것이라면 일을 잘한다고 말할 수 없다. 예컨대 개인적인 친분이 있는 납품업자에게 특혜를 주기 위해 저질 부품을 좋은 것처럼 꾸미는 거짓 보고서를 만든다면, 설사 그 보고서가 감탄할 만큼 멋져도 그것은 일을 잘한다고 할 수 없다. 빈틈없는 의전으로 상사를 만족시켰어도 의전에 쓰인 자원이 고객을 위한 것이었고, 열심히 준비한 이유가 단지 상사에게 잘 보이기 위해서 였다면 그것은 일을 잘했다고 말하기 어렵다.

하지만 우리는 상식을 잊고 목표를 생각하지 않고 일한다. 그냥 시키는 일, 있는 일이니 하는 것일 뿐 왜 하는지는 중요하지 않다.

영국의 등산가 조지 말로리George Mallory가 "산이 거기 있어서 오른다"는 멋진 말을 했으니, 우리도 일이 있으니 그냥 한다고 하면 안 될까? 그러나 조지 말로리가 말했던 산은 그때까지 아무도 오르지 못했던 에베레스트였다. 그는 아무 산이나 닥치는 대로 오르는 사람이 아니었다.

:: 목표를 생각하며 일해야하는 이유 ::

목표에는 나름의 기능과 효익이 숨어 있다. 우리가 올바르고 분명한 목표를 가지고 일할 때 무엇을 얻을 수 있는지 생각해보자.

불필요한 일을 걸러낼 수 있다

누구나 올바른 목표를 위해 일한다고 생각한다. 그러나 착각일 가능성이 크다. 글로벌 컨설팅 회사인 매킨지에 따르면, 기업이 사용하는 예산의 25% 이상이 전략이나 조직의 목표와 관계없는 곳에 낭비된다고 한다.[11] 그렇다면 일에 투입되는 구성원의 노력과 시간은 더 많이 낭비되고 있을 가능성이 크다. 구성원의 노력과 시간을 돈보다 더 철저히 관리하는 조직은 드물기 때문이다.

엉뚱한 일에 낭비되는 자원을 줄이기 위해서는 무엇이 엉뚱한 일인지를 판단하는 기준이 필요하다. 일의 목표가 바로 그 기준이다. '이 일의 목표는 무엇이고 조직에 어떻게 기여할 수 있는가?' 이 질문에 대답할 수 없는 일이 바로 불필요한 일이다.

한 방향으로 나아갈 수 있다

지금 당장 부서 전원이 모여 일의 목표를 적어보자. 논의 없이 자신의 생각을 적어야 한다. 그리고 각자 작성한 내용을 비교해보자. 동료들이 생각하는 목표가 크게 다르다는 사실에 놀랄지도 모른다. 누군가는 아주 먼 미래의 목표를 말하고, 누군가는 눈앞의 목표를 말한다. 고객의 만족을 말하는 사람이 있고, 재무성과를 말하는 사람도 있다. 자신의 일을 중심으로 생각하는 사람도 있고, 조직 전체 관점에서 생각하는 사람도 있다. 같은 내용을 전혀 다르게 해석하고 있거나 아무것도 적지 못하는 사람도 있을 수 있다.

조직의 다양성이 중요한 화두로 떠오르고 있지만 이런 식의 다양성은 바람직하지 않다. 조직의 목표를 시장 확대라고 생각하는 구성원과 이익 확보라고 생각하는 구성원은 그 행동이 다를 수밖에 없다. 한 조직에서 서로 다른 목표를 바라보고 일을 하거나 혹은 회사 전체 목표와 개인의 목표가 다르다면 그 조직은 일관성을 잃게 된다. 서로 일하는 목표가 다른 조직은 다른 방향으로 달리는 말들이 끄는 마차와 같다. 마차를 탄 사람, 즉 고객 입장에서 보면 혼란스러울 뿐이다.

물론 조직은 견제를 위해 기능별로 상충되는 듯한 임무를 구성원에게 부여하기도 한다. 그러나 이러한 경우에도 큰 목표는 서로 공유하고 있어야 한다. 일의 목표는 구성원 전체를 한 방향으로 이끌어주기 때문이다.

의욕이 생긴다

'대체 이걸 왜 해야 하지?' 이런 질문이 앞서는 일이라면 의욕을 가지고 일하기 어렵다. 실제로 잘못된 목표를 지향하고 있어서 왜 해야 하는지 모를 수도 있고, 꼭 필요한 일이지만 그것이 어떻게 조직에 기여하는지 알지 못해 왜 해야 하는지를 모를 수도 있다. 어느 쪽이든 문제다. 몰입하기 어렵기 때문이다. 누구나 쓸모 있는 존재가 되고 싶어 한다. 왜 해야 하는지 모르는 일을 하면서는 자신을 쓸모 있는 존재라 생각할 수 없다.

명확하고 올바른 목표는 열심히 일하고 싶은 마음의 전제조건이다. 목표는 일을 올바른 성과로 이끌 뿐만 아니라 더 열심히 일할 수 있게 하는 자극제의 역할도 한다.

:: 항상 성과를 내는 조직의 2가지 목표 ::

목표 수립을 위해 개발된 기법들은 많다. 그중 가장 널리 알려진 것은

'SMART' 목표 수립일 것이다. 목표는 명확하고Specific, 측정 가능하며 Measurable, 달성 가능해야 하고Attainable, 현실적Realistic이어야 할 뿐만 아니라 명확한 기한Time-bound이 정해져 있어야 한다는 것이다. 이 기법은 목표가 기술적으로 명확히 정의되어 있는지 확인하는 하나의 기준이 될 수 있다. 하지만 맞춤법 검사기와 같은 역할을 할 뿐 올바른 목표를 보장하는 기법은 아니다. 올바르지 않은 목표도 얼마든지 'SMART' 할 수 있기 때문이다. 형식 차원에서 완벽하고 명확한 목표를 세우는 것은 중요하다. 하지만 그보다 목표의 내용이 올바른지 확인해야 한다.

우리는 올바른 목표를 세울 수 있게 해주는 기법과 매뉴얼을 바라지만 아쉽게도 그런 것은 없다. 그러나 좋은 성과를 내는 조직들이 공통으로 지향했던 올바른 목표가 무엇인지는 알고 있다. 그것은 바로 '고객'과 '생산성'이다. 이 2가지 목표를 위해 해야 할 일들을 살펴보자.

:: 목표 1. 고객의 눈으로 보자 ::

모든 조직에는 고객이 있다. 비단 기업에만 해당하는 이야기가 아니다. 이윤을 추구하지 않는 공익 조직에도 공헌하고자 하는 대상이 있다. 그 대상은 모두 고객이다. 고객에게 공헌하기 위해 존재하는 모든 조직은 그 구성원들의 일도 고객을 위한 것이어야 한다. 물론 이미 그렇게 하고 있다고 주장할 조직이 많을 것이다. 실제로 홈페이지에 있는 비전을 보면 고객을 언급하지 않은 회사를 찾기가 힘들 정도다. 하지만 고객의 생각은 다르다. 대부분 회사가 고객 지향적이라고 하지만, 그에 동의하는 고객은 11%에 불과하다.[12] 어느 조직이나 고객을 위한다고 목청을 높이지만, 막상 고객들은 시큰둥하다.

고객은 사탕발림과 같은 말에 감동할 정도로 만만한 존재가 아니다. 그들은 실질적인 가치를 제공할 때 감동하고 우리를 선택한다. 고객을 위한다는 말을 하기 이전에 고객의 눈으로 일을 되돌아봐야 한다. 이때 우리가 집중해야 하는 고객은 당연히 우리 조직의 직접적인 고객이다. 그러나 조직에 대한 사회 전반의 기대가 커지고 있는 상황에서 좀 더 넓은 의미의 고객도 고려하는 지혜가 필요하다. 주주, 지역사회, 사회 일반을 포함하는 다양한 이해관계자Stakeholder 모두가 넓은 의미의 고객임을 잊지 말아야 한다. 더 저렴한 가격으로 제품이나 서비스를 제공하기 위해 환경 문제에 소홀하거나 법규를 무시한다면 단기적으로 직접적인 고객에게는 이익을 줄 수 있겠지만, 장기적으로 더 큰 대가를 치를 수도 있다. 좁은 의미의 고객 관점과 넓은 의미의 고객 관점을 자유자재로 넘나드는 유연한 시각이 필요하다.

누구나 고객을 위해 일한다고 말하지만 행동으로 보여주기는 쉽지 않다. 이를 실천하기 위해 필요한 몇 가지 과제를 사례 중심으로 살펴보자.

고객 관점에서 다이어트

모든 조직이 효율화를 추구하고 불필요한 일을 줄이려 노력한다. 군살은 사람에게나 조직에나 반갑지 않다. 이때 중요한 것은 기준이다. 무엇이 군살인지 판단해야 한다. 그러나 많은 조직이 무엇이 불필요한 일인지 고민하지 않는다. 그래서 인원이나 비용을 일정 비율로 줄여버리는 방식을 택하기도 한다. 이것이 조직의 건전성을 해친다. 군살이 아닌 살아가는 데 꼭 필요한 근육과 골격까지 약하게 만드는 우를 범하는 것이다. 조직과 일의 군살을 빼는 과정에서 실수를 막는 단순하면서도 가장 좋은 방법은 모든 일을 고객의 관점에서 다시 정의해보는 것이다.

리더 역시 본인의 일을 다시 정의해야 한다. 리더에게 당신의 일이 무엇이냐고 물었을 때 마케팅 부서를 맡고 있다거나, 87명의 부하 직원을 이끈다고 답한다면 이는 실격이다. 고객은 당신의 부서 명칭이나, 당신에게 몇 명의 부하 직원이 있는지에는 아무런 관심이 없다. 모든 일은 고객의 관점에서 정의되고 설명되어야 한다. 고객에게 제공할 마케팅 계획을 세운다거나 혹은 고객에게 더 좋은 제품을 제공하기 위해 공장을 운영한다는 답변이 나와야 한다. 고객에게 어떤 이익을 줄 수 있는지 명확하게 정의하기 어려운 일들은 군살과도 같다. 과감히 줄여야 한다.

포토샵으로 유명한 어도비Adobe가 고객 관점으로 불필요한 일을 정리한 좋은 사례다. 2000년대 후반 어도비는 위기를 겪게 된다. 컴퓨터 CD-ROM이 사라지면서 소프트웨어를 CD에 담아 파는 사업에 문제가 생긴 것이다. 이런 상황에서 글로벌 금융위기까지 닥치자 어도비는 이전에 경험하지 못한 실적 하락을 겪어야 했다. 2008년 35억 8000만 달러로 정점을 찍은 매출은 2009년 29억 5000만 달러로 20% 가까이 하락

했다. 이익도 8억 7000만 달러에서 3억 9000만 달러로 감소했다. 그 결과 2008년과 2009년에 걸쳐 1300명에 가까운 인력을 해고했다.

변화의 필요성을 느낀 어도비는 2011년 CD-ROM 형태의 영구 라이선스 소프트웨어를 판매하는 방식을 버리고, 고객이 구독료를 내고 클라우드 시스템에 접속해 소프트웨어를 사용하는 방식으로 사업모델을 바꾸기로 한다. 회사, 주주, 고객 모두에게 낯선 방식을 선택한 것이다. 이때 어도비는 사업모델을 바꾸는 급격한 변화 속에서 흔들리지 않기 위한 구심점이자 지향점으로 고객을 선택했고, 먼저 고객의 눈으로 일을 바라보고 바꾸는 작업을 진행했다.

그 대표적인 조치가 구성원 평가제도를 개혁한 것이다. 그때까지 어도비도 대부분의 다른 회사와 같이 강제할당법에 따른 상대평가를 채택하고 있었다. 그러나 이 방식은 낭비가 심했다. 매년 평가 시기가 되면 리더들은 다른 일을 모두 미루고, 평가를 위한 서류 작업에 매달려야 했다. 어도비는 평가로 인해 리더들이 낭비하는 시간이 연 8만 시간에 달한다고 추정했다. 회사의 미래가 달린 사업모델을 바꾸는 중대한 시기에 리더의 8만 시간이 고객과 관계없는 내부 평가에 낭비되고 있었다.

게다가 1년 단위의 평가제도는 고객 의견을 실시간으로 반영해야 하는 새로운 사업모델과도 맞지 않았다. 여러 문제점을 인식한 어도비는 기존의 1년 단위 상대평가를 버리고 2012년 새로운 평가제도인 '체크인Check-in'을 도입했다. 이 방식에도 목표라고 할 수 있는 기대성과는 존재했다. 그러나 형식적인 절차를 줄이고 상황에 따라 상사와 부하가 자율적인 양식으로 합의할 수 있도록 했다. 평가도 연말에 몰아서 하지 않고, 최소 분기 1회 더 나아가 수시로 확인하고, 상황 변화를 반영해 수정할 수 있도록 유연성을 높였다. 피드백도 조언과 육성에 초점을 두었다. 결론적으로 평가 시기와 방법에 있어 형식적이고 강제적인 절차를 최대한 줄이고 과거에 대한 논의를 미래 지향적인 논의로 바꿨다. 그리고 새로운 방식을 운영해야 하는 리더들에게 부하 직원의 급여를 인상할 수 있는 재원과 주식 등을 나눠줄 수 있는 재량권을 부여했다.

체크인 제도로 낭비되던 자원이 줄어들면서 고객을 위해 사용할 수 있는 시간이 생겼다. 당시 인사담당 부사장 도나 모리스Donna Morris는 "변화의 시기에 리더의 시간을 중요한 일에 사용할 수 있게 했다는 점에서 의미가 있었다"고 말했다. 직원들의 자발적 이직이 30% 감소하는 등 평가 수용도가 높아지고, 상사에 대한 만족도는 커졌다. 고객과 관계없는 일을 줄여 고객을 위해 쓸 수 있는 시간을 확보한 것은 물론, 평가의 유용성까지 높이는 데 성공한 것이다.

고객을 조직과 일 속으로

모든 조직이 고객의 중요성을 구호까지 만들어 강조하지만, 실제로 고객을 위해 일하는 경우는 드물다. 말로는 고객을 강조하면서 구성원을 관리하는 방식과 절차에 고객을 대하는 태도의 평가가 빠져 있다면 결국 구성원은 고객과 멀어질 수밖에 없다. 특히 조직에서 고객과 관계없는 내부 논리가 중시될 때 고객은 뒷전으로 밀린다. 고객에게 충실한 인재보다 상사에게 충실한 인재가 우대받고, 고객에게 최고의 서비스를 제공하는 것이 가장 중요한 목표가 아니라면 구성원들은 고객을 위해 일하지 않게 된다.

이런 사실을 아는 조직들도 종종 고객보다 내부 논리를 앞세운다. 편하기 때문이다. 고객이 가장 중요하다고 말하면서도 막상 고객 만족을 평가 기준으로 하자는 의견에는 갖은 논리로 측정의 어려움과 부정확함을 강조한다. 불확실하고 통제하기 어려운 고객보다는 익숙한 내부 논리가 훨씬 편하다. 이렇게 자신들의 논리만 앞세우며 편하게 일하는 조직에서 불편은 결국 고객 몫이다. 고객은 이런 조직 대신 고객의 관점을 충실히 반영하려 노력하는 조직을 선택한다.

조직은 고객의 관점에서 생각하고 고객의 요구를 상품과 서비스에 반영할 수 있도록 끊임없이 고민해야 한다. 하지만 이러한 노력을 위해 꼭 필요한 전제가 있다. 먼저 고객의 목소리를 제대로 듣는 것이다. 많은 구성원이 고객의 목소리를 직접 듣지 못한다. 조직이 너무 크고 복잡해서일 수도 있고, 고객의 목소리를 듣는 것이 불편해서일 수도 있다. 고객의 목소리를 듣는 일을 영업이나 마케팅 부서의 임무로 치부하기도 한다. 이런 조직에서 고객은 실체 없는 미지의 존재일 뿐이다. 무엇을 위하는지, 아니 그 전에 누구인지조차 모르는 존재를 위해 일한다는 것은 불가능하다.

"자세히 보아야 예쁘다. 오래 보아야 사랑스럽다. 너도 그렇다." 나태주 시인의 시 〈풀꽃〉의 일부다. 모든 구성원이 고객을 위해 일할 수 있도록 고객을 자세히 그리고 오랫동안 볼 수 있어야 한다. 어깨에 띠를 두르고 매장에 서 있는 형식적 행사를 말하는 것이 아니다. 모든 구성원이 고객의 목소리를 가감 없이 들음으로써 고객을 더 많이 이해하고, 그것을 바탕으로 다시 일의 목적을 생각하는 선순환을 만들어야 한다.

다시 어도비 사례로 돌아가 보자. 어도비 역시 과거에는 고객과 구성원을 각각 다른 논리와 방식으로 관리했다. 고객 서비스 조직은 잘게 쪼개져 있었지만, 구성원은 회사 전체 시스템에 의해 관리되고 있었다.

2015년 어도비는 고객에게 집중하기 위해 고객을 관리하는 고객 경험Customer Experience조직과 직원들을 관리하는 직원 경험Employee Experience조직을 통합했다. 전례를 찾기 힘든 조치였다. 분업을 통한 전문성과 효율성 강화라는 관점에서 보면 이처럼 이상한 조직 구조도 없다. 하지만 고객이 진정으로 원하는 건 직원들이 고객을 위해 일하는 것이다. 어도비는 채용부터 평가 보상까지 인사 평가의 기준이 고객 만족도가 될 수 있도록 고객과 직원을 관리하는 조직을 하나로 묶었다. 어도비는 조직을 물리적으로 통합하는 데 그치지 않았다. 모든 구성원이 고객을 위해 일할 수 있도록 인센티브 제도를 개편했다. 신규 고객 확보, 우수 고객 유지 등을 고려해 구성원에게 단기 인센티브를 제공했다.

어도비는 모든 구성원이 온라인으로 고객의 요구와 불만을 그대로 들을 수 있는 시스템도 만들었다. 고객이 어도비의 제품을 실제 생활에서 어떻게 사용하고 그것으로부터 어떤 가치를 얻어내는지를 실제로 취재해 영상으로 만들어 구성원에게 공유했다. 어도비는 멀게만 느껴졌던 고객의 목소리를 구성원들에게 직접 전달했다.

게다가 어도비는 영상이나 말을 듣는 것만으로 고객의 불만을 세세히 파악하기 어렵다고 생각했다. 구성원들이 직접 고객이 되어 제품과 서비스의 문제점을 찾아내는 행사도 진행했다.

이 행사의 명칭인 'Experience-athon'은 경험Experience과 마라톤 Marathon을 합성한 것으로, 특정한 날짜를 잡아 밤을 새워가며 소프트웨어 등을 정해진 시간 내에 개선하는 행사인 '해커톤Hackathon'을 참고해 만든 것이다. 이 행사에는 신제품 개발 담당자가 아닌 다양한 부서가 참여한다. 그러고는 가상 시나리오에 따라 고객이 되어 과제를 해결한다. 가상 시나리오의 내용은 잡지 만들기가 될 수도 있고, 재무관리를 하는 것일 수도 있다. 참여자들은 어도비의 제품으로 주어진 시나리오를 해결하면서 느낀 문제와 개선점을 개발자들에게 전달하고, 개발자들은 즉시 문제점을 해결해 품질을 높이고 있다.

지금까지의 성과를 보면 고객 관점에서 일하는 방식을 바꾼 어도비의 시도는 성공적이라 평가할 수 있을 것 같다. 2008년 글로벌 금융위기를 겪으면서 위축되었던 매출은 2020년 3배 이상으로 성장했고, 지금은 사업모델과 일하는 방식 변혁의 성공 사례로 인정받고 있다.

:: 목표2. 더 높은 생산성을 겨냥하라 ::

모든 일의 목표는 생산성 향상이다. 생산성의 중요성은 구구절절 설명할 필요가 없다. 다만 생산성에 대한 다양한 관점을 정리할 필요는 있다. 누구나 알고 있듯 생산성의 공식은 투입 대비 산출 비율이다. 여기서 우리가 택할 수 있는 접근법은 2가지로 나뉜다.

첫 번째는 자원을 적게 투입하더라도 같은 결과물을 얻는Doing the same with less, 즉 투입에 초점을 둔 접근이다. 두 번째는 같은 자원을 투입하더라도 더 많은 결과물을 얻는Doing more with the same, 다시 말해 산출에 초점을 둔 접근이다.

지금 우리에게 필요한 것은 투입을 줄이는 것보다 산출을 늘리는 데 초점을 둔 접근법이다. 시장이 빠르게 커지는 성장기라면 더 많은 이익을 얻을 수 있는 투입 중심 접근이 바람직할 수 있다. 그러나 지금은 저성장 시대다. 움츠리면 움츠리는 만큼 작아질 수밖에 없다. 방어적으로 투입을 줄이는 것이 단기적인 해법이 될 수는 있겠으나, 줄어드는 시장을 타개할 해법은 아니다. 이기고 있는 여유로운 상황에서는 방어해도 된다. 하지만 지고 있는 어려운 상황에서 방어함으로써 얻을 수 있는 것은 패배밖에 없다. 공격이 최선의 방어라는 격언은 생산성에도 적용된다.

일의 본질은 높은 생산성에 있다. 생산성의 지표는 고객 만족일 수도 있고, 재무성과일 수도 있고, 새로운 시장일 수도 있다. 조직은 생산성을 높이기 위해 더 높은 가치를 만들어야 한다.

조직에서 성과를 내지 못하는 일을 찾아 없애야 한다. 그러나 자원을 아끼는 것에서 끝나서는 안 된다. 그렇게 아낀 자원은 조직의 성장을 위해 쓰여야 한다. 성장을 목표로 하지 않은 조직은 지금의 위치마저 잃을 수 있다. 그렇다면 생산성을 높임으로써 일의 본질에 다가가기 위한 과제를 알아보자.

뿌리에 집중하는 자세

업무 효율화, 업무 혁신, 일하는 문화 개혁…. 많은 조직이 참 다양한 이름으로 일하는 방식을 바꾸려 노력한다. 하지만 그 노력이 체감할 만한 성과로 이어지는 경우는 많지 않다. 단지 성과를 거두지 못하는 수준을 넘어 때로는 '가뜩이나 바쁜데 왜 쓸데없는 짓을 하지?'라는 직원들의 불만으로 이어진다.

일하는 방식을 개선하려는 노력이 성과를 거두지 못하는 이유는 따로 있다. 야근, 회의, 보고 등 겉으로 드러나는 '가지'를 목표로 하는 과정에서 생산성이라는 '뿌리'를 놓치기 때문이다.

줄어든 회의시간이나 야근이 목표가 될 수는 없다. 이는 생산성이 높아졌을 때 자연스럽게 따라오는 부산물에 가깝다. 측정이 쉽다는 이유로 본질이 아닌 부산물에 집중한다면 불필요한 일이 늘어날 수밖에 없다. 회의시간을 줄이기 위해 숨어서 회의하거나, 야근을 줄인다는 명목으로 회사에서 할 일을 집으로 들고 간다면 그것은 또 다른 비효율일 뿐이다. 생산성을 높이는 것이 조직의 궁극적인 목표다. 뿌리가 강해지면 가지와 잎도 건강해진다. 근본적인 관점에서 접근이 필요하다.

성장 신화와 실행 중심의 경영 스타일로 우리에게도 익숙한 니덱(Nidec, 일본전산)이 추진하고 있는 일하는 방식 개혁은 이런 측면에서 좋

은 참고가 된다.[13]

니덱의 일하는 방식에 문제를 가장 먼저 느낀 사람은 창업자인 나가모리 시게노부永守重信 회장이었다. 1년 365일 아침 6시에 출근해 밤 10시에 퇴근하는 하드워커로 유명했던 나가모리 회장이 어느 회사보다 열심히 일하는 니덱의 방식을 다시 돌아보게 된 계기가 있었다. 해외 기업을 인수 합병하기 위해 살피는 과정에서 이상한 점을 발견한 것이다.

밤낮없이 일하는 니덱과 달리 서구 기업의 직원들은 야근을 하지 않았다. 여름휴가를 한 달씩 즐기는 경우도 비일비재했다. 그러나 니덱의 기준에서 게으르기 짝이 없는 그 회사들은 20~30%라는 높은 이익률을 자랑했다. 이 모습을 보고 니덱의 일하는 방식에 대해 근본적 의문을 갖게 된 나가모리 회장은 2016년 11월 "탈피하지 못한 뱀은 죽는다"는 일본 속담에 따라 일하는 방식의 개혁을 지시한다.

본격적으로 일하는 방식을 개혁하기로 한 니덱의 목표 중 하나는 '2020년까지 잔업 제로'였다. 하지만 그보다 더 중요한 목표가 있었다. '2020년까지 생산성 2배, 즉 매출액 2조 엔, 영업이익률 15%'라는 생산성 향상이 그것이었다. 잔업 제로보다 생산성 2배가 더 중요한 목표임을 강조했다. 잔업을 줄이는 것은 최종 목표가 아니라 생산성을 높이는 과정에서 자연스럽게 달성돼야 하는 중간목표일 뿐임을 확실히 밝힌 것이다.

큰 틀에서 생산성 향상을 지향한 니덱의 진단과 해법은 노동시간 단축을 목표로 한 여타 기업과 확실히 달랐다. 생산성을 높이기 위해 해결해야 할 문제를 영어 능력 향상, 관리 능력 향상, 인사 육성, 인사 제도, 시스템 IT, 효율 향상, 업무 혁신의 7개로 정리했다. 그리고 각각을 전담하는 위원회를 설치해 개선 작업에 착수하고 매월 진행 상황을 점검했다. 야근 감축 방안이나 휴가 사용 제고 방안을 주문하는 데 그쳤을 일반 기업과는 완전히 달랐다. 노동시간을 너머 생산성에 영향을 미치는 모든 요소를 고려한 것이다.

여러 위원회의 활동에 따라 다양한 아이디어가 나왔고 실행에 옮겨졌다. 급한 육아 문제나 병원 방문 등을 위한 1시간 단위의 휴가 제도가 도입됐다. 매일 아침 상사가 부하 직원의 일과와 잔업 계획을 미리 파악하도록 함으로써 업무 조정을 통해 불필요한 야근을 줄이도록 했다. 공식적인 발주 이전이라도 고객과 충분한 협의가 있었다면 작업을 진행했다. 이를 통해 개발 기간을 크게 단축함은 물론 납기를 앞두고 집중적으로 발생하던 잔업을 줄일 수 있었다.

니덱은 생산성 향상을 위한 종합적인 노력을 통해 일하는 방식을 개선했다. 첫해에 잔업을 전년도의 절반 수준까지 줄였고, 절약한 잔업 수당은 구성원의 인센티브 및 육성을 위해 사용했다.

현장 감각과 집요함

개혁에는 조직 최상층의 의지가 중요하다. 하지만 실제로 일이 진행되는 곳은 현장이다. 하향식Top-down 개혁은 현장에 대한 이해 부족으로 공허한 메아리로 끝나는 경우가 적지 않다. 현장에서 적용할 수 없는 획일적인 원칙을 만들기보다는 현장에서 문제를 발견하고 해결하는 방식을 택하는 것이 중요하다.

니덱의 자회사 중 반도체 패키지 검사 장비 등을 생산하는 니덱 리드 Nidec Read의 사례를 보자. 이 회사의 고민은 영업사원들의 고질적 잔업이었다. 그러나 다른 회사처럼 잔업을 일률적으로 막는 대증요법에 의존하지 않고, 현장을 철저히 파악해 잔업의 원인을 찾기 위해 노력했다.

영업사원의 일과와 업무를 꼼꼼히 분석해 찾아낸 잔업의 근본적인 이유는 이동 시간과 문서 작업이었다. 영업사원이 운전을 하며 길에서 보내는 시간이 하루 평균 4시간에 달했고, 고객을 만난 후 견적서를 만들기 위해 회사로 돌아와 야근하는 경우가 많았다.

즉각적인 개선 조치가 이루어졌다. 1시간 이상의 장거리 이동은 신칸센이나 전철 등을 이용함으로써 운전 시간을 줄였다. 영업사원들은 이동 중에 휴식을 취하거나 간단한 문서 작업을 할 수 있었다. 거리를 기준으로 나눠져 있던 영업 관할 구역도 실제 이동 시간을 기준으로 조정했다. 거리상으로는 가깝지만, 접근성이 떨어져 많은 시간이 걸렸던 불합리한 관할 구역을 조정한 것이다. 정기적인 수주는 내근직원이 견적을 작성하도록 조정함으로써 영업사원은 서류를 작성하기 위해 굳이 사무실로 돌아오지 않아도 되었다.

단순한 개선이었지만 효과는 상당했다. 2016년 월 17건에 불과하던 영업사원 1명당 평균 고객 방문 건수는 다음 해부터 월 100건 이상으로 올라가기 시작했다(2017년 6월 103건, 7월 110건, 11월 100건). 현장에 대한 이해를 바탕으로 한 개선은 잔업을 줄이고 생산성을 획기적으로 끌어

올렸다.

이처럼 단순한 조치로 생산성을 높인 사례는 또 있다. 니덱은 일하는 방식을 개혁하면서 회의시간을 기존 1시간에서 45분으로 줄였다. 단순히 회의시간을 줄인 조치가 아니었다. 니덱이 줄이고자 한 것은 부하 직원들이 회의에 참석한 상사를 기다리며 낭비하는 시간이었다. 리더의 간단한 의사결정이나 지시를 받지 못해 멍하니 낭비하는 시간이 많다는 것을 파악한 것이다. 대부분의 회의가 정각이나 30분에 시작되기 때문에 회의시간을 45분으로 줄임으로써 리더가 다음 회의에 참석할 때까지 매 시간 최소 15분을 부하 직원에게 할당할 수 있었다. 이에 따라 부하 직원들이 리더를 기다리며 보내던 시간이 크게 줄어들었다. 리더 1명의 15분으로 여러 부하 직원의 시간을 확보한 묘책은 현장에 대한 이해가 없었다면 쉽게 생각하기 어려운 조치다.

기발한 아이디어에만 의존한 것은 아니다. 실행력으로 유명한 회사답게 니덱은 누구나 아는 해법을 집요하게 실행함으로써 성과를 거두기도 했다. 니덱의 자회사 중 자동차 부품과 정밀 측정 장비 등을 생산하는 니덱 토소크Nidec Tosok는 집요함으로 일하는 방식을 바꿨다. 이 회사는 사내 모든 회의를 조사해 연간 6400시간이 회의로 소비된다는 사실을 알아냈다. 회의 참석자 수를 금액으로 환산해 철저히 추적하고 관리함으로써 4개월 만에 회의시간을 절반 이하로 줄였다. 평범해 보이는 이 사례에는 특별함이 숨어 있다. 회의를 줄이려는 노력을 안 해본 기업은 없을 것이다. 하지만 모든 회의시간을 계산하고, 몇 달간 집요하게 시간과 참여자를 추적한 조직은 흔하지 않다. 니덱은 일회성 캠페인에 그치지 않고 실질적으로 성과를 얻을 수 있도록 회의시간을 집요하게 관리했다.

써야 할 곳에는 쓴다

경영 계획이나 설계를 위한 계산을 연습장에 써가면서 한다면 과연 효율적일까? 아무리 열심히 계산해도 그것은 낭비고 어리석은 짓이다. 계산기나 컴퓨터를 활용하는 것이 효율화의 첫걸음이고 상식이다. 일하는 방식을 바꾸는 것은 단지 태도와 자세의 문제가 아니다. 올바른 투자가 병행돼야 한다. 아끼는 것은 좋지만 아낄 것을 아껴야 한다는 뜻이다.

하지만 이 당연한 이야기가 상식이 아닌 경우가 적지 않다. 약간의 투자를 아끼기 위해 기계나 컴퓨터가 해야 할 일을 사람이 하기도 한다. 실패하는 조직은 투자와 투지를 구분하지 못한다. 돈을 아끼기 위해 투자로 해결할 일을 투지로 어떻게든 해보려고 한다. 결국 낮은 생산성에 허덕인다. 이런 일이 반복되는 조직이라면 구성원들이 생산성을 논하기에 앞서 냉소적으로 변할 수밖에 없다.

일본은 정신론을 강조하는 문화고, 니덱은 어느 회사보다 감투정신(敢鬪精神, 과감하게 싸우는 마음가짐)을 강조했지만, 생산성을 높이는 과정에서는 그 어느 곳보다 합리적이었다.

나가모리 회장은 "성과만 나온다면 얼마든지 결재 도장을 찍어 주겠다"는 말을 하며 업무 효율화를 위해서 1000억 엔을 투자할 것을 공식적으로 선언했다. 이러한 공언은 빈말이 아니었다. 제품 개발을 위해 슈퍼 컴퓨터를 도입함으로써 제품 설계에 필요한 계산 시간을 10분의 1수준으로 단축함은 물론, 설계의 정밀도를 크게 높였다. 불필요한 해외 출장을 줄이기 위해 해외 공장 자동화에 거액을 투자해 주재 인력과 출장을 줄이는 데도 성공했다. 니덱은 적절한 투자로 더 많은 것을 얻어내는 것이 생산성 개선의 핵심임을 알고 있었다.

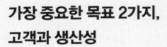

가장 중요한 목표 2가지,
고객과 생산성

일의 본질을 찾기 위한 첫 번째 조건은 올바른 목표다. 올바른 목표가 있을 때 불필요한 일을 걸러낼 수 있다. 목표를 향해 조직이 한 방향으로 나아감으로써 일관성을 가질 수 있다. 개인에게 있어 목표는 더 열심히 일할 수 있게 하는 자극제의 역할을 하기도 한다.

좋은 성과를 내는 조직들은 어떤 목표를 지향할까? 그것은 바로 조직의 존재 이유인 '고객' 그리고 같은 자원을 투입해서 더 많은 결과물을 만들어내는 '생산성'이다.

조직의 생산성을 높이기 위해서는 고객 관점에서 바라보고 생각해야 한다. 이를 위해 고객에게 도움이 되지 않는 일들은 과감히 들어내야 한다. 조직 내부 논리보다 고객 관점이 먼저다. 조직의 구조, 제도 역시 고객을 위한 것이어야 한다. 구성원들이 고객을 잘 이해할 수 있도록 고객의 목소리를 구성원들에게 가감 없이 공유하고 더 나아가 직접 고객이 되어 제품과 서비스의 문제점을 찾아보는 것도 좋다.

또한 생산성 향상을 목표로 일하는 방식을 바꿔야 한다. 노동시간 감축과 같은 지엽적인 목표보다 생산성을 높이기 위해 고민하는 것이 무엇보다 중요하다. 개선을 위해 작은 아이디어도 놓치지 않을 뿐만 아니라 집요하게 매달려야 한다. 마지막으로 생산성은 곧 아끼는 것이라는 생각을 버리고 공격적인 투자로 더 많은 것을 얻으려는 자세도 잊지 않아야 한다.

지금까지 이야기한 고객과 생산성이 목표의 전부는 아니다. 기본이자 최소한의 목표일 뿐이다. 하지만 뒤집어 생각하면 그것만으로도 충분하다. 고객 만족과 생산성 향상에 집중한다면 당연히 높은 성과가 뒤따를 것이고 그것은 충분한 보상, 만족, 보람으로 이어질 것이다. 하지만 고객 만족과 생산성 향상을 지향하지 않는다면 그 어떤 것도 얻을 수 없다. 복잡하고 심오한 것이 반드시 좋은 것은 아니다. 가장 강력한 것은 간단하면서도 분명하다. 절대 놓쳐서는 안 되는 2가지 목표인 고객과 생산성의 관점에서 일을 되돌아보자. 그것만으로도 일의 본질에 다가갈 수 있을 것이다.

3장
키워드 2.
일의 정렬

운동이라고 하면 보통 근력 운동이나 달리기와 걷기 같은 체지방을 줄이기 위한 유산소 운동을 떠올린다. 하지만 최근에는 신체의 정렬을 바로 잡아주는 운동도 인기다. 근력이 좋고 정상 체중을 유지해도 자세가 비뚤어지고 어긋나 있다면 몸이 제 기능을 할 수 없기 때문이다. 신체를 정렬하려는 노력 없이 나쁜 자세를 유지한다면 어깨는 굽고, 척추와 골반이 틀어져 힘을 제대로 쓸 수 없을 뿐만 아니라 통증으로 고생할 수 있다.

조직도 마찬가지다. 일에도 정렬이 필요하다. 여러 사람이 모여 일하는 조직에서 누군가의 일은 다른 사람이 하는 일의 재료가 되기 때문에 전체적인 관점에서 바라보는 것이 중요하다. 나의 관점에서 편한 방식으로만 일하다 보면 일과 일 사이의 정렬과 연계는 깨지기 쉽다. 서로의 일이 어긋나 있는 조직은 힘을 발휘할 수 없음은 물론, 때로는 동료의 일이 내 일의 걸림돌이 되기도 한다. 수직적으로는 최고경영자에서부터 말단 직원까지, 수평적으로는 동료, 부서, 더 나아가 사업 사이의 일들이 조직의 목표를 위해 유기적으로 움직여야 한다.

조직은 오케스트라와 같다. 아무리 좋은 연주자들이 모여 있어도 악보와 지휘를 무시하고 마음대로 연주한다면 그 소리는 소음일 뿐이다. 그런 의미에서 정렬은 조직에서 꼭 필요하다 할 수 있다.

:: 휠 얼라이먼트가 조직에 필요한 이유 ::

처음 출시된 자동차는 바퀴가 가지런히 정렬되어 있다. 하지만 오랜 시간 주행을 하면서 정렬은 조금씩 흐트러진다. 그렇게 비뚤어진 바퀴들은 시간이 지나면서 비틀림이 더 심해진다. 타이어가 균일하게 닳지 않아 모양이 점점 더 변하기 때문이다. 자동차가 흔들리고 핸들 조작이 어려워진다. 동력을 충분히 활용할 수 없음은 물론이고 타이어의 수명도 짧아진다. 자동차가 한쪽으로 쏠리면서 큰 사고로 이어질 수도 있다. 그래서 우리는 주기적으로 바퀴의 불균형을 바로잡는 정렬 작업, 휠 얼라이먼트Wheel Alignment를 한다.

휠 얼라이먼트는 조직에도 필요하다. 사람들이 조직을 만드는 이유는 혼자 하기 어려운 일을 함께하기 위해서다. 그래서 조직에는 협력을 위한 각종의 장치들이 존재한다. 구성원들은 각자의 분야에서 쌓은 전문성을 바탕으로 하는 치밀한 분업 체계를 통해 개인이 만들어내는 성과의 단순 합을 넘어서는 시너지를 창출한다. 하지만 종종 자동차의 바퀴와 같이 조직의 정렬은 흐트러질 수 있다. 작은 조직이라면 간단한 협의로 바로잡을 수 있지만, 크고 복잡한 조직에서는 조율이 쉽지 않다. 서로의 일을 잘 알지 못하기 때문이다. 각자의 상황에 따라 업무를 진행하다 보면 전체의 관점에서 엇나가는 일들이 생긴다. 또 내부 경쟁에서 이기기 위해 동료의 일을 일부러 방해하기도 한다. 조직도 자동차처럼 구성원의 일을 주기적으로 조율해야 한다.

이런 의미에서 일의 본질을 찾기 위해서는 정렬이 필요하다. 구성원들은 개인의 업무를 회사가 가고자 하는 방향과 정렬시키고 조정해야 한다.

:: 정렬이 깨지는 이유와 그 증상 ::

많은 현대인의 공통 문제인 운동 부족, 잘못된 자세, 스마트폰을 들여다보는 습관 등은 신체의 정렬과 균형을 유지하기 어렵게 만든다. 조직도 마찬가지다. 여러 이유로 정렬 상태를 지속하기란 쉽지 않다. 〈하버드 비즈니스 리뷰〉에서 제시한 조직 정렬 상태를 유지하기 어려운 몇 가지 이유를 살펴보자.[14]

많은 리더가 정렬의 중요성을 잘 모르고 있다. 조직이 치밀하게 연결된 가치 사슬이라는 것을 생각하지 못하고 조직도상으로만 연결되어 있으면 된다고 생각한다.

대부분의 조직은 내부 정렬을 책임지는 사람이 없다. 리더들은 자신이 소속된 부서의 입장과 이해관계를 바탕으로 최적화를 추구하기 때문에 전체적인 관점에서 생각하기 힘들다. 최고경영자, 즉 CEO에게 전체적인 조정 책임이 있다고 할 수 있지만, 최고경영자 한 명이 조직의 모든 일을 관리하고 조율하기에는 한계가 있다.

조직과 사업이 성장함에 따라 생기는 복잡성은 정렬을 더욱 어렵게 만든다. 특히 환경의 변화가 빠르고, 많은 구성원과 부서로 이뤄져 있으며, 지역과 고객군까지 다양한 조직의 일은 정렬하기 더욱 어렵다.

마지막으로 많은 조직이 내부 정렬에 쓰이는 에너지와 시간을 확보하는 데도 어려움을 겪고 있다. 복잡하게 얽혀 있는 수많은 일을 정렬하는 것은 뭉쳐 있는 매듭을 푸는 것처럼 인내심을 가지고 접근해야 하는 일이다. 누군가의 기득권을 빼앗는 냉정한 판단과 용기가 요구되기도 한다. 이처럼 일의 정렬에는 많은 시간과 에너지가 필요하다. 하지만 긴박한 경영환경 속에서 시간과 자원을 확보하기란 쉽지 않고, 이 때문에 업무의 정렬이 뒷전으로 밀리는 경우도 많다.

특별히 주의를 기울이지 않는다면 조직은 정렬 상태를 유지하기 어렵다. 하지만 눈으로 볼 수 있는 우리 몸의 정렬 상태와 달리 조직은 제대로 정렬되어 있는지조차 알기 어렵다. 조직에서 정렬이 제대로 이뤄지지 않았을 때 어떤 일들이 일어날까?

조직 혁신 분야 전문 컨설턴트인 리아즈 카뎀Riaz Khadem 박사는 미국 인사관리협회Society for Human Resource Management에 기고한 글에서 조직의 정렬이 깨졌을 때의 증상을 다음과 같이 제시하고 있다.

- 의사결정에 너무 오랜 시간이 걸린다.
- 회의와 이메일이 많아진다.
- 부서 간 정보 공유가 사라지는 사일로Silo현상이 발생한다.
- 책임이 불명확해진다.
- 현장에서 의사결정을 내릴 수 있는 권한이 부족하다.
- 서로의 정보를 감추고 의사소통이 사라진다.
- 조직 목표에 대한 관심이 줄어들면서 동기부여가 사라진다.
- 혼란과 소문이 퍼진다.

업무의 정렬이 깨져 위와 같은 문제가 일상적으로 발생한다면 성과를 기대하기 어렵다. 이런 증상이 조직에서 자주 목격된다면 조직 내부의 방향성 정렬이 필요하다.

정렬과 조율을 위한 가장 손쉬운 처방은 압도적인 카리스마와 능력으로 무장한 최고경영자의 존재다. 개성적인 애니메이터와 작가들을 한 방향으로 이끈 월트 디즈니나 직관적이고 간결한 디바이스를 만든다는 목표를 향해 조직 전체를 정렬시켰던 애플의 스티브 잡스가 그 예다. 카라얀이나 번스타인 같은 세계적 마에스트로가 오케스트라의 수준을 결정했던 것을 생각하면 쉽게 이해할 수 있다.

하지만 모든 조직에 스티브 잡스처럼 뛰어난 경영자가 있는 것은 아니다. 따라서 현실적인 대안은 구성원들이 스스로 일을 점검하고 조율하도록 만드는 것이다. 이를 위해 구체적인 과제들을 살펴보자.

:: 명확한 기준이 필요하다 ::

학창시절 체육 시간을 떠올려보자. 지휘자의 구령에 맞춰 좁은 간격 혹은 양팔 간격으로 대형을 바꿔봤던 경험은 누구에게나 있을 것이다. 대형을 바꿀 때 지휘자가 가장 먼저 하는 일이 있다. 바로 '기준'을 정하는 것이다. 기준이 있어야만 전체가 간격을 조정할 수 있다.

조직을 정렬하는 데도 그 중심이 되는 명확한 기준이 필요하다. 앞서 살펴봤던 일의 목표, 즉 고객과 생산성은 당연히 큰 의미에서 일을 정렬하는 기준이 된다. 하지만 이는 어디까지나 일반적인 기준일 뿐이다. 복잡하게 얽혀 있는 구성원 개개인의 일을 조율하기 위해서는 상세한 기준이 필요하다.

누구나 이해할 수 있는 기준을 만들라

불교에는 불립문자不立文字라는 말이 있다. 진리는 언어로 전달하기 어렵다는 뜻이다. 비슷한 의미로 석가모니가 연꽃을 들어 올렸을 때 한 명의 제자만이 그 뜻을 이해하고 미소를 지었다는 염화미소拈華微笑라는 말도 있다. 하지만 조직은 다르다. 수많은 사람이 전체의 목표를 향해 발을 맞춰야 하는 조직에 불립문자나 염화미소가 있어서는 안 된다. '내 마음을 맞춰봐'와 같은 방식은 조직의 정렬을 망가뜨린다. 정렬의 기준은 누구나 이해하기 쉽고 구체적이어야 한다.

우리에게도 널리 알려진 무인양품無印良品은 모두가 이해할 수 있는 정렬의 기준을 제시해 일관된 서비스를 제공한다. 지금은 상상하기 어렵지만 2000년대 초반까지만 해도 무인양품은 매장마다 서비스 수준이 들쭉날쭉했다.

2001년 취임한 마쓰이 타다미쓰松井忠三 사장은 매장마다 서비스가 다른 이유로 무인양품 전반에 퍼져 있던 '경험주의' 문화를 지적했다. 당시 무인양품은 인사이동 없이 한 부서에서 계속 일하는 경우가 많았고, 노하우를 공유하지 않고 특정 직원의 능력에 의존하는 '업무의 속인화'가 존재했다. 담당자에 따라 매장별로 서비스와 업무의 수준이 제각각이었다. 이런 상황에서 무인양품보다 저렴한 가격으로 무장한 할인점들이 등장하면서 이익은 급격하게 줄었고, 적자 위기에 몰렸다.

마쓰이 사장은 경험주의를 깨고 서비스의 기준을 정하기 위해 '무지그램'을 만들었다. 무지그램을 한마디로 말하면, '가장 효율적인 업무 방식을 체계적으로 정리한 매뉴얼'이다. 총 13권 2000여 페이지로 구성된 무지그램은 모든 매장에 비치되어 있다. 참고로 13권의 무지그램은 매장에 서기 전에, 계산 업무, 고객응대, 배송 및 자전거, 매장 만들기, 상품

관리, 경리, 노무 관리, 위기 관리, 출점 준비, 점포 매니지먼트, 점포 시스템, 파일링으로 구성되어 있다.

무인양품은 무지그램을 누구나 이해할 수 있는 기준으로 만들기 위해 2가지에 주안점을 두었다.

첫 번째, 업무의 가시화였다. 매뉴얼을 보면 누구나 따라 할 수 있도록 업무를 철저히 표준화했다. 매장 직원들이 일상적으로 접하는 업무부터 신규 출점 여부 판단까지 매뉴얼로 만들었다. 개인의 경험에 따른 차이를 최소화하고, 방법을 몰라서 하지 못했다는 이야기가 나올 수 없도록 했다.

두 번째, 모든 구성원이 서비스 만족도 80점 이상을 목표로 삼았다. 소수의 인재에게 의존하는 것은 당장은 효율적일지 몰라도 자칫 경험주의로 변질하기 쉽다. 무인양품은 개인이 아닌 조직의 힘으로 승부해야 한다고 판단했다. 한 명의 100점짜리 인재보다 모든 구성원이 80점 이상을 목표로 서비스 개선에 나섰다. 새로 나온 의류를 전시하는 경우, 그 매장에서 가장 패션 감각이 뛰어난 직원에게 맡기는 것이 최선일 수 있다. 그러나 무인양품은 그런 식의 운영이 매장 간 차이를 만들어 전체적인 서비스의 정렬을 깬다고 보았다. 무지그램에는 특정 직원의 감각에 의지하는 일 없이 누구나 코디할 수 있도록 '실루엣은 삼각형 또는 역삼각형으로 정리' '기본 색상은 3색 이내로 한다' 등의 명확한 기준이 있다. 규칙만 따르면 신입 사원도 80점 수준의 업무가 가능하다.

무지그램이 자리를 잡으면서 무인양품은 어느 매장이든, 누가 진열하든, 동일한 서비스를 고객에게 제공할 수 있게 되었다. 이후 무인양품은 V자 반등을 이루면서 다시 성장의 궤도에 올랐다. 전 세계 어느 무인양품 매장에 방문해도 일관된 분위기와 서비스를 경험할 수 있다. 그리고 그 시작은 무지그램이었다.

:: 정렬을 위한 인프라 ::

앞서 조직에서 정렬이 깨지는 이유로 정렬에 많은 자원과 에너지가 들어가기 때문이라고 이야기했다. 조직은 위에서 아래로 내려갈수록 목표와 업무가 구체적이어야 한다. 조직의 목표와 전략이 수립되면, 구성원들은 조직의 목표와 전략을 자신의 업무와 연결시켜 생각해야 한다. 이때 필요한 것이 바로 '일의 정렬'이다. 이를 위해 구성원들은 서로의 업무를 공유하고 이해하며 의견을 주고받아야 한다. 그러나 눈앞에 해야 할 일이 너무 많고 시간적 여유가 없다면 '일의 정렬'을 점검하기 쉽지 않다.

조직은 인프라를 구축함으로써 구성원이 일을 조율하고 정렬할 수 있게 도와야 한다. 이를 위해 필요한 지혜를 살펴보자.

체계를 만들어 공유하라

1998년 미국항공우주국NASA이 화성의 기후를 조사하기 위해 쏘아 올린 탐사선은 9개월이 넘는 장정 끝에 드디어 화성 궤도에 진입한다. 그러나 조사를 시작하기도 전에 갑자기 폭발한다.

사고의 원인은 어이없을 정도로 황당했다. 데이터를 계산할 때 미터법과 야드법이 혼용되어 오류가 생겼고, 이로 인해 계획과 다른 엉뚱한 궤도에 진입했기 때문이었다. 모든 사람이 빈틈없이 정밀한 정보를 주고받고 서로의 일을 조율해야 하는 상황에서 서로 다른 도량 체계를 사용함으로써 엄청난 자원과 시간이 우주의 먼지가 되어버린 것이다.

일을 제대로 정렬하기 위해서는 공통의 체계를 만들어야 한다. 정렬을 위해서는 나의 일뿐 아니라 다른 구성원의 일도 이해할 수 있어야 한다. 이때 서로가 다른 체계로 일을 정리한다면 이해 속도가 느려지고 의사소통이 힘들어진다. 설사 내가 하는 일과 전혀 다르다 하더라도 상대가 어떤 과업과 목표를 가지고 있고, 어떤 것을 원하는지 알 수 있어야 한다.

공통의 체계를 만들어 놀라운 성과를 거두고 있는 기업이 있다. 클라우드 기반 고객관리 서비스 강자로 부상하고 있는 세일즈포스닷컴Sales-force.com이 그 주인공이다.

최근 10년간 연평균 30%가 넘는 놀라운 성장을 보인 세일즈포스닷컴은 창업 20년 만에 171억 달러의 매출과 5만 명에 육박하는 직원을 자랑하는 거대 기업으로 성장했다. 이 회사는 덩치만 키운 것이 아니다. 세일즈포스닷컴은 〈포춘Fortune〉이 선정한 '세계 최고의 직장'에서 2년 연속 1등을 차지했으며, 2017년에는 〈포브스Forbes〉에서 선정한 가장 혁신적 회사에 뽑히기도 했다. 50% 이상의 신규 채용이 기존 직원의 소개로 이뤄질 정도로 구성원의 회사 사랑도 각별하다.

이 회사의 창업자 마크 베니오프Marc Benioff는 세일즈포스닷컴의 성공 비결로 '지속적인 의사소통', '완전한 정렬'을 꼽았다. 세일즈포스닷컴에는 정렬과 의사소통을 위해 고유의 체계인 'V2MOM'이 있다. 마치 암호나 주문처럼 보이는 이 체계는 창업자 마크 베니오프가 구성원들과 비전과 목표를 공유하기 위해 직접 개발한 것이다. V2MOM은 비전Vision, 가치Values, 방법Methods, 장애Obstacles, 측정Measures의 첫 글자를 딴 것으로 세일즈포스닷컴의 구성원들은 이 체계에 따라서 자신의 업무를 규정하고 목표를 설정한다.

- 비전 : 원하거나 달성하고 싶은 것
- 가치 : 비전의 달성을 돕는 원칙이나 믿음
- 방법 : 일하기 위한 행동이나 단계
- 장애 : 극복해야 하는 도전, 발생할 수 있는 문제
- 측정 : 달성 수준을 측정할 수 있는 지표

매년 초 최고경영자부터 자신의 V2MOM을 작성하고, 그 내용을 바탕으로 모든 구성원이 단계적으로 목표를 설정한다. 모든 구성원이 최고경영자를 비롯한 전 세계 모든 임직원의 V2MOM을 볼 수 있다. 하향식 Top-down으로 진행되지만 일방적이진 않다. 의견이 상충되는 경우 논의를 통해 조정한다.

구성원들은 공유 언어인 V2MOM을 기준으로 서로의 일을 조율하고

정렬한다. 최고경영자, 상사, 동료, 부하 직원의 V2MOM을 서로 참고해 가며 자신의 목표와 일을 다듬는다. 이를 거듭하는 과정에서 개인의 목표가 서로 연계되고 정렬되어 조직 전체 목표가 달성되는 이상적인 모습, 즉 개인과 조직 간의 정렬 그리고 일하는 사람 간의 정렬이 이뤄진다.

이 회사의 한 엔지니어는 "V2MOM을 통해 나의 목표를 조율하고 우선순위에 따라 일을 집중할 수 있다. 끊임없이 지금 하는 일이 나의 방법과 가치에 일치하는지 스스로 질문한다"며 V2MOM의 유용성을 자랑하기도 했다.

빠른 성장과 인원 증가는 조직에 혼란과 성장통을 불러올 수도 있지만, 세일즈포스닷컴은 고유의 체계를 통해 마치 하나처럼 유기적으로 움직이는 데 성공했다.

첨단 기술을 활용하라

구성원의 일을 조율하고 정렬하기 위해서는 필요한 것들이 많다. 각자가 하는 일을 잘 이해하기 위해서는 자세한 자료가 필요하다. 무슨 일을 하는지 명확히 알아야 서로 맞춰갈 수 있기 때문이다. 조율이 일방적일 수는 없으므로 협의를 위한 의사소통도 필요하다.

그러나 필요한 자료는 어렵고 방대하다. 직접 만나서 알아보고 협의하는 것도 힘들다. 그래서 우리는 쉽게 조율을 포기하고 원래 하던 방식으로 일하는 것을 선택한다.

하지만 지금은 어려운 정렬을 쉽게 만들어주는 다양한 방법들이 있다.

과거와 같이 규정이나 문서를 책으로 만들어놓고 필요할 때마다 내용을 찾지 않아도 된다. 전산화 작업으로 인해 열람과 검색이 편리해졌다. 모바일 애플리케이션을 활용하면 장소와 시간의 제약까지 뛰어넘을 수 있다. 자료의 열람은 물론 논의도 컴퓨터나 모바일 기기를 통해 쉽게 할 수 있다.

가장 대표적인 사례가 세일즈포스닷컴이다. 이 회사는 앞서 소개했던 구성원의 정렬 체계인 V2MOM을 모바일 애플리케이션으로 구현해 운영한다. 구성원들은 언제 어디서나 모바일 애플리케이션을 통해 V2MOM을 이용한다. 자신의 V2MOM 작성과 관리는 물론, 다른 구성원의 V2MOM도 확인할 수 있다. 5만 명에 가까운 구성원이 각각 어떤 목표를 가지고 어떤 일을 어떤 방식으로 하는지에 대한 자료가 주머니 안에 있는 셈이다.

조율을 위해 모여야 할 필요도 없다. 직접 만나서 듣지 않아도 동료의 일을 언제나 확인할 수 있다. 뿐만 아니라 의문이 생기면 메신저로 질문과 답변을 주고받을 수도 있다.

이 모바일 애플리케이션은 구성원 관리의 중요한 부분을 책임지는 수단으로도 활용된다. 세일즈포스닷컴은 구성원의 평가도 애플리케이션으로 진행한다. 리더는 애플리케이션을 통해 구성원들의 업무성과에 대해 수시로 피드백을 준다. 이 과정에서도 자연스럽게 조율이 이루어진다. 구성원도 애플리케이션을 통해 매월 리더의 행동을 4단계로 평가한다. 그 결과는 리더에게 실시간으로 전달됨으로써 리더십의 개선을 유도

한다.

다른 부서의 구성원과 의사소통을 할 때도 애플리케이션이 활용된다. 전 세계 누구와도 의견을 주고받을 수 있고 필요하다면 도움을 요청할 수 있다. 도움을 받은 경우, 감사와 칭찬의 마음을 담은 배지를 보낼 수도 있다.

애플리케이션은 업무 능력 향상의 도구로도 사용된다. 애플리케이션을 통해 공식적인 교육 프로그램을 제공하고 있다. 또한 구성원들은 애플리케이션을 통해 상사는 물론 최고경영자의 V2MOM까지 확인하면서 넓은 시각을 갖게 된다. 일하다가 의문이 생기면 같은 일을 하는 구성원의 V2MOM을 참고하기도 한다. 같은 목적을 달성하기 위해 다른 직원들이 어떤 방법을 활용하고 어떤 식으로 성과를 달성하는지 확인할 수 있다. 아직 일을 잘 모르는 신입 사원도 함께 일할 사람들의 V2MOM을 참고해 일을 이해하고 어떻게 일해야 하는지 배울 수 있다. 뿐만 아니라 전 세계에 있는 전문가를 찾고 정보를 공유하는 협업 시스템을 구축하기도 한다.

세일즈포스닷컴의 V2MOM은 서로의 생각과 목표를 공유하는 좋은 체계다. 하지만 그것만으로 정렬이 가능한 것은 아니다. 좋은 체계가 있어도 5만 명에 가까운 구성원이 서로의 일을 조율한다는 것은 결코 쉬운 일이 아니다. 세일즈포스닷컴은 좋은 체계를 좋은 도구에 담아냄으로써 그 어려운 일을 해내고 있다.

:: 정렬의 습관화 ::

정렬에는 완벽도 끝도 없다. 경영환경과 조직 구조가 바뀌면서 일정시점에서 '일의 정렬'을 재점검해야 한다. 전문 연주자들은 본격적으로 연주를 시작하기 전에 항상 악기를 조율한다. 일도 주변에 맞춰 정렬하는 작업이 필요하다.

정렬 주기를 정하라

조직에는 정렬에 필요한 자료가 많다. 일의 방법을 풀어놓은 매뉴얼이 있고, 구성원 개개인의 업무를 규정한 직무기술서나 직무명세서도 있다. 이러한 자료들은 내가 하는 일을 확인하고 또 나와 타인의 일을 정렬하는 기준이자 참고가 된다. 앞서 살펴봤던 무인양품의 업무 매뉴얼인 '무지그램', 세일즈포스닷컴의 목표 공유 체계인 'V2MOM' 모두 정렬에 필요한 자료라고 할 수 있다.

그러나 대부분의 기업 자료들을 보면 현실과 동떨어져 있는 경우가 적지 않다. 많은 시간과 자원을 들여 만들어 놓고는 어딘가에 처박아 두고 업데이트를 하지 않았기 때문이다. 정렬을 일회성의 행사로 본 탓이다.

일과 일 사이의 정렬 그리고 정렬의 기준 정비는 마치 습관처럼 항상 해야 하는 것이다. 실시간으로 하는 것이 가장 이상적이지만 현실적으로 어렵다면 주기를 정해 실시해야 한다.

세일즈포스닷컴은 최소 3개월마다 구성원들이 자신과 주변 동료들의

V2MOM을 확인하고 상황에 맞춰 업데이트하도록 하고 있다. 첨단 IT 사업의 변화를 반영하기 위해 지속적으로 V2MOM을 확인하는 것이다.

무인양품도 무지그램을 정기적으로 개정한다. 아르바이트생을 포함한 모든 구성원이 시스템을 통해 '고객 관점'과 '개선 제안'을 입력할 수 있다. 이 시스템을 통해 고객이 제시한 의견 혹은 업무를 하면서 느낀 개선 사항이 본부로 모인다. 본부에서는 이 의견을 선별해 검토하고, 필요한 내용을 채택해 무지그램에 반영한다. 이렇게 개정된 내용은 조례 등을 통해 전체적으로 공지하며 시스템상으로는 매월, 인쇄본으로는 분기 1회 업데이트하는 것을 원칙으로 삼고 있다.

정렬의 기준, 지겨울 때까지 반복해서 강조하라

정렬의 기준에는 전략이 반영돼야 한다. 전략은 조직이 나아갈 방향과 달성을 위한 구체적 행동, 자원 확보 방안까지 포괄하고 있기 때문이다.

그러나 많은 기업이 전략을 구성원에게 이해시키고 더 나아가 전략을 기준으로 일을 정렬하려는 노력에 힘을 쓰지 않는다. 단순히 전략 개요만을 게시판에 올리거나 말로 전달하는 것에 그친다. 심지어 비밀이라는 이름으로 전략을 구성원들 모르게 숨겨 놓기도 한다. 실제로 회사의 사업전략과 그에 따른 목표를 달성하기 위해 각자가 무엇을 해야 하는지 이해하는 구성원은 전체의 7%에 불과하다는 연구 결과가 있다.[15]

물론 경쟁사가 알아서 안 될 내용까지 구성원 모두에게 공유할 필요는 없다. 하지만 구성원들은 지금 하고 있는 일이 전략 실행에 도움이 되는

지 판단할 수 있는 수준까지는 알고 있어야 한다. 단순히 아는 수준을 넘어 그 내용이 일하는 모든 과정에 자연스럽게 반영돼야 한다. 전략을 실행하는 것은 구성원이기 때문이다. 소통은 단지 조직 분위기를 좋게 만들기 위해서만 필요한 것이 아니다. 조직은 목표와 전략을 끊임없이 때로는 지겨울 정도로 구성원에게 공유함으로써 구성원이 스스로 일과 목표를 전략에 맞춰 조율할 수 있게 해야 한다.

아마존은 독특한 방식으로 일을 정렬하고 있다. 알려진 바와 같이 아마존의 창립자이자 CEO인 제프 베조스는 회사를 주식시장에 공개 상장한 1997년부터 지금까지 직접 작성한 연례주주서한Annual Shareholder Letter을 통해 경영성과와 방침을 밝히고 있다. 사람들은 매년 주주서한에서 베조스가 어떤 새로운 이야기를 할지 궁금해하지만, 실제로 주목해야 할 점은 따로 있다. 바로 베조스가 최초의 주주서한, 즉 1997년 주주서한을 20년 넘게 매년 부록으로 첨부하며 강조하고 있다는 사실이다. 최초의 주주서한에는 경영 방침, 의사결정 기준, 직원들이 지켜야 할 행동 등이 자세히 적혀 있다. 이제는 아마존의 상징이 된 '고객 집착Customer Obession'도 이미 최초의 주주서한에 등장한 내용이다.

그의 의도는 어렵지 않게 짐작할 수 있다. 아마존의 모든 경영과 정책은 처음에 설정한 방향에서 벗어나지 않고 있음을 주주와 구성원들에게 알리는 것이다. 회사가 커지고 사업이 다양해져도 원래의 방향에서 벗어나지 않도록 같은 내용을 반복적으로 강조함으로써 구성원들이 자신의 업무를 돌아보고 조율할 수 있도록 하는 것이다.

많은 경영자가 구성원에게 메시지를 전달하면서 내용보다는 새로움에 집착한다. 이들에게는 같은 메시지를 끊임없이 강조하는 아마존이 이상해 보일지도 모른다. 하지만 정말 필요한 내용이라면 수없이 들은 내용이라도 끊임없이 강조해야 한다. 새로운 메시지가 중요한 것이 아니다. 한 방향으로 정렬된 조직의 목표가 만들어내는 새로운 가치가 훨씬 더 중요하다.

정렬은 기법이나
도구 문제가 아니다

조직은 오케스트라와 같다. 모든 일이 정렬되어야만 아름다운 음악과 같은 성과를 만들 수 있다. 그런 의미에서 '정렬'은 일의 본질을 찾기 위한 두 번째 키워드다.

하지만 많은 리더가 정렬의 중요성을 인식하지 못하고, 조직에는 전체적인 관점에서 일을 조율하고 정렬하는 사람이 없다. 조직이 커지고 복잡해지면서 '일의 정렬'은 더욱 어려워졌다. 정렬에 필요한 자원과 에너지를 확보하는 것 역시 쉽지 않다. 구성원들이 일상적으로 일을 점검하고 조율할 수 있도록 조직 차원의 노력이 필요하다.

이를 위해 조직은 명확한 기준을 마련해야 한다. 정렬의 기준은 누구나 이해할 수 있을 정도로 쉽고 구체적이어야 한다.

이와 함께 조직은 일의 정렬을 위해 다양한 인프라를 구축해야 한다. 일의 내용과 목적을 공유할 수 있는 체계를 만들어 서로가 쉽게 일을 이해할 수 있게 해야 한다. 모바일 애플리케이션 등 첨단 기술을 활용하는 것도 방법이다.

정렬은 일회성의 행사가 아니다. 조직은 정렬의 주기를 정해야 한다. 정렬의 기준도 정기적으로 업데이트해야 한다. 궁극적으로 회사가 가고자 하는 방향과 개인의 업무 목표가 한 방향으로 정렬되어야 한다.

복잡하게 얽혀 있는 일을 정렬한다는 것은 어렵다. 이 때문에 많은 조직이 정렬을 특정한 기법으로 해결하고자 한다. 실제로 일본의 많은 기업이 무인양품에 무지그램을 공유해달라는 요청을 하고 있다고 한다. 그러나 무인양품의 일관된 서비스는 그저 매뉴얼에만 있지 않다. 초기의 무지그램은 현장에서 철저히 외면당했다. 실제 매장의 상황을 반영하지 못하고 있다는 것이 그 이유였다. 그러나 무인양품은 흔들리지 않고 내용을 보완해나갔다. 매뉴얼에 특히 부정적인 모습을 보이던 베테랑 사원들의 노하우를 적극적으로 반영함으로써 현장감을 살리고 반감을 줄이고자 노력했다. 이런 노력을 통해 무지그램이 현장에 정착하는 데 걸린 시간은 5년이었다.

정렬은 습관이다. 습관은 베낄 수 없다. 나쁜 습관을 좋은 습관으로 바꾸는 데 필요한 것은 기법보다 시간과 노력 그리고 왜 좋은 습관이 필요한지 아는 것이다.

4장
키워드 3.
의미, 몰입을 만드는 힘

언제부터인가 방송 예능을 보면 영혼 없는 리액션, 영혼 없는 칭찬 등 '영혼 없는'이라는 표현이 자주 나온다. 성의 없는 행동과 기계적인 반응을 묘사하는 말이다. 하지만 예능이 아닌 일터에서 우리가 영혼 없이 건성으로 일하고 있다면 그것은 웃어넘기기 어렵다. 구성원들이 대충대충 일하는 조직에서는 성과를 기대할 수 없을 뿐 아니라 일하는 사람도 일에서 보람과 의미를 찾을 수 없다.

누구나 몰입의 중요성을 강조한다. 그러나 모든 일에 몰입할 수는 없다. 우리는 의미 있는 일에만 몰입할 수 있다. 몰입해서 일하려면 '의미'가 필요하다. 조직의 성과를 위해, 일하는 사람들의 보람을 위해 조직은 구성원들이 일에서 의미를 찾을 수 있도록 도와야 한다.

:: 방망이 깎던 노인은 어디에 ::

수필가 윤오영의 작품《방망이 깎던 노인》을 읽어본 사람들이 있을 것이다. 작가는 아내에게 부탁받은 다듬잇방망이를 하나 사기 위해 시장에서 방망이를 깎는 노점상 노인에게 부탁한다. 하지만 그 노인은 별것도 아닌 방망이를 깎으며 마냥 시간을 끈다. 그만했으면 됐으니 물건을 달라고 하자 버럭 화를 내면서 물건을 팔지 않겠다고 뻗댄다. 작가는 어이없어하며 노인을 못마땅히 여기지만, 결국 만들어진 방망이를 보고 노인의 장인 정신과 완벽주의에 감탄하며 다음과 같이 말했다.

"옛날 사람들은 흥정은 흥정이요 생계는 생계지만, 물건을 만드는 그 순간만은 오직 아름다운 물건을 만든다는 그것에만 열중했다. 그리고 스스로 보람을 느꼈다."

다른 사람들 눈에는 흔해 빠진 물건을 만드는 일에 불과했지만, 그 노인에게 방망이를 깎는 일은 절대 하찮지 않았다. 돈을 위해서가 아니라 장인의 자존심을 건 일이기에 대충 넘길 수 없었다.

인생에서 일하는 시간이 차지하는 비중은 적지 않다. 야근이나 회식이라도 있는 날이면 잠자는 시간을 빼고는 대부분의 시간을 일하며 혹은 일하는 사람들과 보낸다. 일에서 아무런 의미를 찾을 수 없다면 삶 자체가 공허해질 수밖에 없다.

사람은 기계가 아니다. 끼니만 해결해주면 일하는 노예나 가축도 아니다. 일은 중요한 생계 수단이지만 그것이 일에서 찾을 수 있는 의미의 전부라면 고행에 불과하다. 일자리 부족으로 생계를 위한 일조차 갖지 못한 사람이 많은 상황에서 일의 의미를 논하는 것이 사치처럼 보일 수도 있다. 하지만 일자리가 부족하다고 조직의 성패를 좌우하는 핵심 인재들의 눈높이까지 덩달아 낮아지는 것은 아니다. 사람들은 일에서 더 많은 의미를 바란다. 다른 조건이 같다면, 아니 약간의 손해를 감수하고라도 사람들은 의미 있는 일을 선택한다. 일의 본질을 이야기할 때 '의미'는 빠져서는 안 되는 핵심 중 하나다.

:: 일에서 찾고자 하는 의미 ::

생계를 위한 수단 외에도 사람들은 일에서 여러 의미를 찾는다. 그중 대표적인 것이 다음 2가지다.

먼저, 사람들은 일을 통해 자신이 쓸모 있는 존재라고 느낀다. 일하지 않아도 생계 걱정이 없을 정도로 충분한 재산이 있는 사람도 갑자기 직장을 잃거나 일할 수 없게 되면 큰 충격에 빠지고 자존감을 잃는 경우가 많다. 쓸모없는 존재라고 스스로 생각하기 때문이다. 물론 일을 통해서만 자신의 가치를 확인할 수 있는 것은 아니다. 일하지 않는 사람이 곧 가치 없는 사람이라 단정지어서도 안 된다. 하지만 많은 사람이 직업과 일에서 자신과 타인의 가치를 확인한다. 일을 통해 누군가에게 기여한다는 것은 설사 다른 사람들의 인정이 없더라도 스스로 가치를 느끼는 매우 중요한 단서가 될 수 있다.

　다음으로 사람들은 일을 통해 성장하고 있다는 느낌을 받는다. 일하는 과정에서 새로운 것을 배우고, 과거에 어려웠던 일을 점차 능숙하게 해내고, 리더로서 사람들을 이끌면서 개인의 성장을 확인한다. 성장도 꼭 일을 통해서만 확인할 수 있는 것은 아니지만, 승진이나 평가를 통해 타인으로부터 인정받을 수 있다는 점에서 일은 성장의 밑거름이다.

　이처럼 사람들은 생계를 위해서만 일하지 않는다. 타인에 대한 기여와 개인의 성장이라는 높은 수준의 의미를 찾고자 한다. 일이 그런 의미를 제공하지 못한다면 생계의 유지를 위한 '밥벌이'에 머물고 만다. 살기 위해 어쩔 수 없이 일해야 하지만 몰입할 수는 없다. 그런 구성원으로 가득 찬 조직에서는 성과가 날 수 없다.

:: 일에 몰입하지 않는 사람들 ::

과연 구성원들은 일에서 의미를 찾고 몰입하고 있을까? 결과는 실망스럽다. 한국 기업 구성원들의 몰입도는 크게 떨어져 있다. 갤럽Gallup의 자료에 따르면, 한국 기업의 직원 100명 중 절대 다수인 93명이 일에 몰입하지 못하고 있다. 한국 기업 구성원 중 업무에 몰입하고 있다고 응답한 사람의 비중은 고작 7%에 불과하다. 조사 대상 국가 전체의 몰입 구성원 비율이 평균 15%고 미국의 경우는 33%에 달한 것을 보면, 우리의 몰입도는 유별나게 낮다고 할 수 있다. 일에 충분히 몰입하지 못하는 수준을 넘어 일을 싫어한다고 해석할 수 있는 '적극적으로 일에 몰입하지 못하고 있는Actively Disengaged' 구성원 비율도 전체 직원의 4분의 1이 넘는 26%로 조사 대상 국가 평균인 18%보다 크게 높았다.[16] 한국 직장인들의 일에 대한 몰입 수준은 우려할 만큼 낮은 것이다.

걱정스러운 수치는 하나 더 있다. 2015년 기준으로 한국 직장인의 평균적인 근속 연수는 5.6년으로 OECD 평균 9.3년에 크게 미달할 뿐만 아니라 OECD 가입국 중 가장 짧다. 물론 근속 연수는 노동시장과 법규에 크게 영향을 받기 때문에 반드시 길다고 좋거나 짧다고 나쁜 것만도 아니다. 근속 연수가 짧다는 것을 낮은 몰입의 결과 혹은 원인으로 단정 짓기도 어렵다. 하지만 가뜩이나 몰입도가 낮은 상황에서 짧은 근속의 원인이 용병이나 다름없는 단기 계약직의 증가와 함께 조금이라도 나은 조건을 찾아 쉽게 직장을 옮기는 것이 일상화되었기 때문이라면 바람직하다고 말하기는 어렵다.

우리가 원래 일에 몰입하지 않았던 것은 아니다. 1984년 〈동아일보〉와 〈아사히신문〉이 공동으로 조사한 내용에 따르면, 일에 대해 적극적인 소명의식을 지닌 한국인은 72%로 일본의 60%보다 훨씬 높은 수준이었다. 과거에 비해 소득은 높아졌고 업무 환경도 좋아졌지만, 일에서 의미를 찾는 사람은 오히려 줄었다. 이제 일에서 의미를 찾아 몰입하는 방망이 깎는 노인은 찾기 어렵다. 몰입은 고사하고 남들만큼 하라는 요구도 무리일지 모른다.

:: 일의 의미가 사라진 이유 ::

보스톤 대학의 윌리엄 칸William A. Kahn 교수는 개인이 일에 몰입하게 되는 조건으로 의미Meaningfulness, 안정성Safety, 자원의 활용 가능성Availability을 꼽았다.[17] 의미 있는 일을 위협이나 불안이 없는 안정적인 환경에서 충분한 지원을 받으며 할 때 몰입이 가능하다는 말이다. 고개가 끄덕여지는 대목이다.

하지만 이제 몰입의 조건을 충족하기 어려운 상황이 되었다. 기업 환경의 변화는 성취감과 보람 등 구성원들이 일을 통해 얻고자 하는 '일의 의미'에 위기를 불러왔다. 단순하고 안정적인 상황에서는 일의 과정과 맥락을 파악하는 것이 어렵지 않았다. 지시에 따라 열심히 일하면 일정 수준 이상의 성과와 능력 향상을 기대할 수 있었다. 그러나 업무가 분화되고 조직이 복잡해지면서 일의 맥락을 파악하는 것이 어려워졌다. 특히 기술 변화가 빨라지면서 관행에 의존해서는 성과를 낼 수 없다. 구성원들이 업무를 수행해야 하는 이유를 찾지 못하는 경우도 늘고 있다. 구성원들은 성취감과 같은 고차원적인 의미를 찾기 이전에 일의 이유조차 이해하지 못하고 있다. 여기에 더해 저성장이 계속되면서 조직의 성장도 제자리걸음을 하고 있다. 의미 있는 성장과 리더십 발휘의 기회 역시 줄어들고 있다.

조직에 충성하고 열심히 일하면 평생이 보장된다는 암묵적 계약이 깨지게 된 것도 몰입이 사라지는 원인 중 하나다. 과거의 우량기업들이 경쟁 속에 도태되는 일이 잦아지면서 '평생직장'이라는 개념 자체가 사라지고 있다. 빠른 기술 변화는 과거의 경험과 기술을 진부한 가치로 만들어 이제 직업인으로서의 안정성도 보장받기 어려운 시대가 되었다. 조직 밖에서의 삶을 꿈꾸기도 어렵다. 사회 안전망이 아직 제 역할을 못 하고 있고, 자영업이 포화상태에 이른 상황에서 조직 외의 마땅한 대안도 없다. 불안이 커진 상황에서 구성원들은 실패에 대한 두려움으로 조직 내에서도 하고 싶은 일을 과감히 추진할 용기를 잃었다. 조직 역시 치열한 경쟁 속에서 구성원의 안정성을 보장해줄 뾰족한 대안을 찾지 못하고 있다. 이처럼 언제 직장을 잃을지 모른다는 불안이 커지면서 몰입은 점점 사라지고 있다.

자원의 활용 측면에서도 제약이 커졌다. 슬림한 조직이 강조되면서 일의 양은 늘었다. 성장이 정체되고 채용 시장이 얼어붙으면서 후임이 해야 할 일을 몇 년째 계속하기도 한다. 일은 많지만, 시간과 자원이 풍족하지 않다. 그렇다고 더 많은 자원을 달라거나 사람을 뽑아달라 하기도 어렵다. 이런 상황이라면 제대로 하는 것보다 어떻게든 때우는 것이 먼저다. 높은 완성도를 기대하기 어렵다면 진득하게 몰입하기보다 그냥 대충 넘어가는 식으로 일할 수밖에 없다.

지금은 몰입의 3요소인 의미, 안정, 자원 모두가 위기에 처해 있다. 한국 기업의 구성원들이 보여주는 낮은 몰입에는 그만한 이유가 있다. 그간 여러 이유로 우리는 몰입하기 어려운 환경을 만들었고, 결국 콩을 심은 곳에 콩이 났을 뿐이다.

교세라의 창립자이자 위기에 빠진 일본항공JAL을 아메바 경영으로 부활시킨 이나모리 가즈오稻盛和夫 회장은 사람을 독특하게 구분한다. 스스로 불타오르는 자연성自然性 인재 그리고 주변의 영향을 받아 타오르는 가연성可燃性 인재, 어떻게 해도 타오르지 않는 불연성不燃性 인재로 구분한다. 일의 의미가 사라진 지금은 자연성 인재가 줄고 불연성 인재가 그 자리를 채웠으며 가연성 인재에 불이 붙을 계기가 사라진 상황이다. 구성원들의 몰입에 불을 붙여야 한다. 그러기 위해서는 일의 의미를 찾아야 한다.

:: 제대로 알아야 의미를 찾을 수 있다 ::

"나는 모르는 일이야." 책임지기 싫거나, 얽히고 싶지 않을 때 하는 말이다. '업'으로 삼는 일과는 어울리지 않는 말이다. 하지만 어떤 조직은 구성원에게 필요한 정보를 주지 않음으로써 일하는 사람을 소외시키고 몰입해야 할 일을 남의 일로 만든다. 분명히 내가 하는 일이지만, 내가 모르고 나와 관련 없는 일이 되는 것이다. 가장 기본적인 일의 의미는 그 일에 대해 아는 것이다. 제대로 알아야 사랑하고 열심히 할 수 있다.

아는 것이 의미다

조직의 상황을 이해하고, 일이 어떻게 세상에 기여하는지 알 수 있을 때 일에 몰입할 수 있다. 그러나 복잡한 조직에서는 구성원들이 일의 맥락과 의미를 가늠하기 어렵다. 정신없이 바쁜 상황에서는 "하라면 하지 왜 이렇게 말이 많아?"라는 핀잔으로 의미를 찾고자 하는 구성원의 입을 막기도 한다. 정보를 소수가 독점하는 조직도 있다.

흔히 직원들에게 경영자처럼 일하라고 한다. 그러나 경영자의 눈으로 스스로 일을 찾아서 하기 위해서는 경영자만큼 알아야 한다. 자신이 일하는 조직과 관련된 사항을 소문으로 듣게 된다면 경영자처럼 일하라는 말이 허무할 따름이다. 어떤 조직이나 비밀은 있다. 하지만 필요 이상으로 정보를 숨기는 것은 구성원에게 조직이 구성원을 믿지 못한다는 사실을 광고하는 것과 같다. 그런 조직을 위해 몰입하기는 어렵다.

일의 의미를 만드는 기초 재료는 일의 맥락에 대한 정보다. 조직은 구성원에게 조직의 목표와 운영 방식에 대한 정보를 충분히 제공함으로써 구성원들이 경영자처럼 일할 수 있도록 해야 한다.

오바마 전 미국 대통령을 비롯한 저명인사들이 맛을 격찬한 것으로 유명한 미국 앤 아버Ann Arbor시의 식당 체인인 '징거맨 사업 공동체ZCoB:Zingerman's Community of Businesses'는 멋진 음식만큼이나 독특한 경영 방식, 구성원과 모든 정보를 공유하는 오픈북 경영Open Book Management으로 유명하다.

외식업체인 만큼 징거맨에도 접시를 닦는 아르바이트생들이 있다. 이들의 기본 업무는 접시를 닦는 것이다. 하지만 징거맨은 이들에게 추가적인 일을 하나 더 요구한다. 그것은 바로 경영 회의에 참석하는 것이다. '허들Huddle'이라는 이름의 주간 경영 회의에 접시를 닦는 아르바이트생도 참석해서 회사의 모든 정보를 듣고 의견을 낼 수 있다. 이것이 모든 내

용을 구성원과 공유하고 그들의 의견을 경영에 반영하는 '오픈북 경영'
이다.

징거맨의 경영 회의 '허들'을 조금 더 들여다보자. 이 자리에서 매주 매
출 목표와 실제 매출액, 식자재 구매량과 사용량까지 경영과 관련된 모
든 수치가 공유된다. 목표 달성 여부와 만약 실패했다면 그 이유도 함께
논의하고 방침을 정한다. 신입이나 비정규직은 모두 동등한 의사 발언권
을 갖는다. 회의에 참석한 시간은 노동시간에 포함된다. 무료로 다과를
제공하기도 한다.

창업주를 포함한 매장의 대표와 파트너가 회의에 참석하지만 지시를
내리기보다는 오랜 경험을 보유한 베테랑으로서 구성원들의 의견을 조
율하고 보완하는 역할을 한다. 경력이 짧은 구성원들은 그들의 이야기를
들으며 식당 경영과 노하우를 익힐 수 있다.

처음부터 모든 구성원이 오픈북 경영에 관심을 보였던 것은 아니다.
숫자를 이해하지 못하는 경우도 많았고, 허드렛일하는 자신에게 왜 많은
정보를 제공하는지 의아해하며 귀찮아하는 경우도 적지 않았다. 하지만
오픈북 경영을 통해 조직과 일에 대한 이해도가 점차 높아지면서 구성원
들은 일의 의미를 새롭게 발견할 수 있었다.

19세에 이 식당에 들어와 14년 동안 근무한 한 직원의 말을 들어보자.
"숫자를 공유하면 모두 같은 목표를 향해 노력하고 같은 언어를 사용하
게 된다. 나는 회사에서 사업을 운영하는 방법을 배웠다. 부서 목표를 달
성하지 못하면 내 일처럼 스트레스를 받았고, 목표를 달성했을 때에는

내 일처럼 기뻤다. 이제 정보를 감추는 회사에서는 일할 수 없다.”

직원들의 잦은 이직에 고민하는 다른 외식업체와 달리 징거맨의 이직률은 매우 낮다. 하는 일은 같다. 하지만 일의 맥락을 아는 것만으로도 일의 의미는 달라진다.

작은 샌드위치 가게에서 시작한 징거맨은 이제 델리, 베이커리, 커피, 교육사업, 사탕 등 다양한 사업체를 보유한 연 매출 7000만 달러가 넘는 외식계 강자로 성장했다. 최근에는 한식당인 '미스 킴Miss Kim'도 오픈했다. 수많은 언론으로부터 '미국에서 가장 멋진 작은 회사The Coolest Small Company in America'로 인정받고 있다. 그 핵심에는 구성원과 정보를 나눔으로써 평범한 일을 비범하게 만드는 오픈북 경영이 있었다.

:: 일의 주인이 되어야 한다 ::

처음 가보는 곳에서 '맛집'을 고를 때 실패 확률을 낮추는 방법 중 하나는 주인이 자리를 지키고 있는 집을 선택하는 것이다. 주인이 자리를 비우는 시간이 길수록 음식과 서비스 질이 떨어지기 때문이다. 그만큼 주인의식은 중요하다. 많은 조직이 구성원들에게 주인의식을 강조한다. 하지만 주인이 아닌 사람에게 주인처럼 일하라고 하는 것만큼 허무한 말도 없다. 우리는 주인의식을 법적, 경제적 소유권과 동일하게 보지만, 주인의식은 지분이 있다고 생겨나는 단순한 개념이 아니다.

참여가 보장된 일은 그 의미가 다르다

같은 운동경기라도 무심히 TV 채널을 돌리다 봤을 때와 직접 경기장에서 봤을 때의 몰입도는 다르다. 후자는 몰입도가 더욱 높을 뿐만 아니라 의미 있는 경험으로 남는다.

같은 논리가 조직에도 적용될 수 있다. 내가 속한 조직이라고 해도 나의 의견이 전혀 반영되지 않는다면 수동적으로 지켜보는 관객과 다를 바 없다. 하지만 직접 낸 의견으로 무언가 바뀌는 경험을 할 수 있다면 더 열심히 몰입할 수 있다. 직접 참여하는 것만큼 의미 있는 경험도 드물다. 많은 기업이 고객의 참여도를 높이기 위해 노력하지만, 구성원을 의사결정에 참여시키고자 노력하지는 않는다. 구성원의 의사결정 참여를 경영자의 권한 감소로 보기 때문이다. 그러나 참여의 기회가 전혀 없는 구성원들은 쉽게 생각을 포기하고 수동적으로 움직이는 좀비가 된다. 좀비와 함께 일하는 것이 싫은 능동적인 인재들이 조직을 떠나는 것은 당연한 결과다.

모든 사항을 구성원 전체가 모여 결정하는 극단적인 참여를 떠올릴 필요는 없다. 각자 하는 일과 관련된 사안을 논의할 때 구성원에게 참여의 기회를 제공해보자. 구성원들이 일에서 의미를 찾을 수 있을 것이다.

다시 징거맨 사례로 돌아가 보자. 오픈북 경영은 구성원들에게 정보를 제공하는 것에 그치지 않는다. 그 정보를 바탕으로 구성원들이 건설적인 의견을 낼 수 있도록 참여를 유도하고 실제 경영에 반영한다. 이 회사는 현장 직원들의 참여가 고객과 성과를 위해 매우 중요하다고 본다. 현장 직원들은 고객에 대해 가장 많은 것을 알고 있을 뿐만 아니라 고객을 접하면서 하루 1000개가 넘는 의사결정을 내리기 때문이다. 그들은 고객 서비스를 좌우한다.

창업자들은 다음의 일화를 근거로 직원들이 경영에 참여하는 것이 매우 중요함을 설명한다. "접시를 닦는 한 직원은 접시를 닦을 때 언제나 감자튀김이 많이 남아 있는 것을 보고 회사에 개선안을 제안했다. 그 직원의 의견에 따라 회사는 감자튀김 제공량을 줄이고 대신 고객이 원하는 경우 무료로 리필할 수 있게 바꿨다. 이 작은 조치로 재료비와 쓰레기의 양이 줄었을 뿐만 아니라 고객 역시 자신이 원하는 만큼 자유롭게 먹을 수 있게 되어 만족도가 높아졌다."

대부분의 조직은 아르바이트생의 이야기를 귀담아듣지 않는다. 그들의 이야기를 듣고 음식의 제공 방식을 바꾼다는 것은 상상하기 어렵다. 그러나 의견이 묵살되는 조직에서는 누구도 참여하려 들지 않는다. 징거맨은 참여의 가치를 알고 있었기 때문에 접시를 닦는 아르바이트생에게도 목소리를 낼 기회를 줬고 결국 고객과 회사에 이득이 되었다. 징거맨은 직원을 방관자가 아닌 참여자로 만듦으로써 일의 의미를 부여할 뿐만 아니라 조직의 성과까지 높이고 있다.

내 일은 내가 만든다

많은 조직이 직원들의 주인의식을 높이기 위해 '종업원지주제'와 같은 제도를 활용한다. 스톡옵션 등을 활용해 회사의 가치와 구성원의 보상을 연결하기도 한다. 물론 의미 있는 조치다. 하지만 이 방법만으로는 구성원들을 일의 주인으로 만들 수 없다. 많은 보상과 지분을 준다고 해도 틀에 박힌 일에 갇혀 개성과 창의를 발휘할 수 없다면 구성원들은 일의 주인이 될 수 없다.

법률적인 주인이 되는 것 이상으로 중요한 것은 일의 주인이 되는 것이다. 내가 하는 일의 생산성을 높일 수 있는 자율과 권한을 가지고 있을 때 일의 주인이 될 수 있다. 구성원을 일의 주인으로 만들기 위해서는 일을 주도적으로 설계할 수 있는 권한과 자율성을 줘야 한다.

구성원에게 일을 주도적으로 바꿀 수 있는 권한을 부여함으로써 높은 성과를 거두고 있는 사례가 있다. 일본 스미토모Sumitomo 계열의 IT 서비스 회사인 SCSK다. 이 회사의 직원들은 2010년대 초반까지 과도한 업무와 밤샘 작업에 시달렸다. 당시 일에 지친 직원들이 책상 위에서 쪽잠을 자고, 회사에 침낭을 가져다 놓는 상황을 본 나카이도 노부히데中井戸信英 사장(이후 회장으로 퇴임)은 이런 방식으로 일해서는 가치를 만들 수 없다고 생각했다. 그는 직원들의 일하는 방식을 바꾸기로 한다. 2013년부터 구성원들의 건강과 창의적인 업무 수행을 목표로 하는 '스마트 워크 챌린지 20'을 시작했다.

SCSK는 일하는 방식을 바꾸기 위해 다양한 방식을 도입했다. 그중 하나는 구성원, 특히 현장의 리더가 일의 주인이 되어 주도적으로 일할 수 있도록 개선한 조치였다. SCSK는 현장의 리더에게 2가지 권한을 부여했다.

첫 번째는 고객을 상대로 리더가 직접 업무를 조정할 수 있는 권한이었다. 많은 기업이 고객의 요구라면 무조건 따라야 한다고 생각한다. 하지만 전문성이 부족한 고객의 요구를 따르는 것보다 오히려 고객을 이끌어감으로써 더 나은 가치를 고객에게 전달할 수도 있다. SCSK도 고객의 요구를 무조건 수용하는 과정에서 전문가의 자긍심이 낮아지고 불필요한 작업이 늘고 있었다. 보다 효율적으로 일하기 위해서는 구성원의 의견이 최대한 존중받아야 하며 전문성을 바탕으로 고객에게 제안할 수 있어야 함은 물론, 필요하다면 일의 내용과 일정도 조정할 수 있어야 한다고 생각했다.

비슷한 맥락에서 불필요한 작업을 생략할 수 있는 권한도 리더에게 부여했다. 업무의 목적은 성과를 내는 것이지 나열된 작업을 생각 없이 수행하는 것이 아니기 때문이다. 과거에는 혹시나 있을지 모르는 실수를 막는다는 이유로 불필요한 절차까지 따라야만 했다. 이는 과도한 업무량과 구성원들이 규정에 의존하게 만드는 부작용을 낳았다. 이러한 문제를 해결하기 위해 품질에 문제가 생기지 않는 범위 내에서 꼭 필요한 업무 위주로 진행할 수 있는 권한을 리더에게 부여했다. 이 조치로 리더가 업무에 대한 주인의식을 갖게 되었다. 또한 기존의 불합리한 절차를 개선하고 새로운 표준을 만들 수 있었다.

SCSK는 구성원들이 일을 바꾸는 작업에 앞장서 참여할 수 있도록 다양한 조치를 병행했다. 그중에서도 주목할 만한 것은 잔업 목표를 달성했을 때 지급하는 역逆 잔업수당이다. 잔업이 줄면서 절약한 잔업수당을 구성원에게 다시 돌려주었다. 잔업을 안 하면 보상을 더 준다는 데 참여하지 않을 이유가 없었다. 현장의 적극적인 참여로 방만했던 일들이 빠르게 진행됐고 잔업도 줄어들었다.

2011년 평균 28시간이던 월평균 잔업은 2018년 17시간으로 줄었고, 같은 기간 영업이익은 169억 엔에서 383억 엔으로 2배 넘게 늘었다. 생산성과 성과라는 2마리 토끼를 잡은 이 회사는 이제 일본 내에서 일하는 방식 개혁의 대표 성공 사례로 인정받고 있다.

:: 일터의 의미를 업그레이드해야 한다 ::

두 명의 회계 담당 직원이 있다. 한 명은 정상적인 기업에서 일하고, 나머지 한 명은 범죄 조직의 회계를 담당한다. 두 사람의 일의 의미는 다를 수밖에 없다. 일의 의미는 일 자체에서 찾아야 한다. 하지만 이처럼 같은 일도 어떤 일터에서 하는지에 따라 그 의미가 달라진다. 일의 의미만큼이나 일터의 의미도 중요하다. 남들이 보기에 보잘것없는 일이라 해도 좋은 일터에서 일한다면 그 자체로 의미를 찾을 수 있다.

기업은 구성원들에게 부끄럽지 않은 조직이 되기 위해 노력해야 한다. 그리고 일터의 의미도 한 단계 업그레이드해야 한다.

소중한 일터

일을 의미 있게 만들기 위해서는 앞서 살펴본 바와 같이 구성원에게 정보와 참여 기회를 제공해야 한다. 그러나 의미 있는 일이니 대가를 바라지 말라는 태도는 곤란하다. '열정 페이'라는 이름의 착취와 다를 것이 없다. 줘야 할 것을 제대로 주는 것은 기본이다.

일터를 단순히 노동과 돈의 거래 장소를 뛰어넘는 곳으로 만들려면 진심 어린 배려 같은 인간적인 요소도 필요하다. 말뿐인 '가족 같은 회사'나 구성원들에게 생각 없이 퍼주는 '신의 직장'을 만들라는 이야기가 아니다. 하지만 구성원을 단지 소모품이 아닌 인격체로 존중하고 보다 일하기 좋은 환경을 만들려는 노력은 필요하다.

특히 지금처럼 조직과 구성원 사이의 관계가 단기적이고 계산적인 시대일수록 애정을 가지고 일터를 발전시키기 위해 열심히 몰입하는 구성원이 무엇보다 소중하다.

독일의 필기구업체 파버카스텔Faber-Castell은 구성원들에 대한 남다른 애정을 통해 의미 있는 일터를 만들었다. 아직도 연필을 쓰는 사람이 있을까 싶지만, 파버카스텔은 10개국에 있는 생산 시설에서 연간 20억 자루의 연필을 생산할 수 있으며, 6억 유로 이상의 연 매출과 8000명이 넘는 직원 수를 자랑하고 있다. 260년 가까운 역사를 자랑하며 변함없는 성과를 거두는 비결은 회사를 위해 헌신을 아끼지 않는 구성원들에 있다.

2015년 미국의 다큐멘터리 감독 마이클 무어Michael Moore가 파버카스텔 공장에 방문했다. 그는 형형색색으로 아름답게 꾸며진 공장, 주 36시간의 근무시간, 깔끔한 방에서 동료들과 휴식하며 담소를 나누는 직원들의 모습을 보고 큰 충격을 받았다.

"직원들에게 저렇게 해주는 이유가 무엇이냐?"는 마이클 무어의 질문에 인사담당 임원과 최고경영자는 "직원이 소중하기 때문이다"라고 답했다. 직원들의 제안과 아이디어가 회사에 큰 도움이 되기 때문이다.

파버카스텔의 비밀은 여기에 있다. 이 회사는 직원들을 극진히 대우한다. 이러한 회사의 태도가 직원들의 일하는 마음을 만든다. 소유주이자 최고경영자였던 안톤 볼프강 파버카스텔 백작Count Anton-Wolfgang von Faber-Castell 역시 성공 비결로 '자신을 브랜드와 동일시하고 브랜드를 믿는 직원들'을 꼽았다.

파버카스텔은 오래전부터 구성원들이 일에 몰입할 수 있는 환경을 만들기 위해 노력하고 있다. 지금도 상당수의 기업이 보육 시설 설치에 인색하다. 그러나 놀랍게도 파버카스텔은 1851년에 보육 시설을 설치했다. 직원들을 위한 학교와 아파트를 짓고, 노후 지원을 위한 저축 계획을 만든 것도 1800년대였다.

파버카스텔은 어려움에 부닥쳤을 때도 구성원들이 보유한 경험과 지식, 회사의 연속성을 위해 정리해고를 하지 않았다. 직원들을 무례하게 대하거나 권한을 남용하는 관리자에게는 같이 갈 수 없음을 명확히 밝혀 일하기 좋은 환경을 만드는 데 최우선의 가치를 두고 있다.

2000년에는 국제노동기구ILO가 권장하는 고용 및 노동 조건을 보장하겠다는 이른바 사회 헌장을 노조와 함께 체결하기도 했다. 기업이 자발적으로 나선 유래를 찾기 어려운 조치였다.

직원을 회사의 핵심으로 보고 소중히 대하는 자세를 가장 잘 볼 수 있는 사례는 아마도 2010년 인도 고아Goa 지역 공장의 화재 사건이다. 화재로 공장이 문을 닫게 되자 사람들은 공장이 복구될 때까지 임금을 받을 수 없을 것이라고 생각했다. 하지만 파버카스텔은 하루아침에 직장을 잃은 직원들의 급여를 계속 지급했다. 이것은 노조와 체결한 사회 헌장의 내용을 훨씬 뛰어넘는 조치였다.

이런 직장이라면 소중한 곳이 아닐 수 없다. 이 회사의 구성원들은 최고경영자조차 '하품이 날 정도로 따분한 제품'이라 표현한 연필을 새롭게 만들기 위해 끊임없이 아이디어를 내며 노력하고 있다. 연필이 단순한 필기구가 아니라 아이들의 정서 및 인지 능력 발달에 도움을 주는 도구임을 계속 강조하며 시장을 넓히고 있고, 특히 아직 디지털 교육이 활성화되지 못했지만 인구가 늘고 있는 중국과 인도를 공략하고 있다. 또 연필을 사용해야 하는 젊은 예술가들을 지원하는 등 다양한 아이디어를 통해 연필이 사양산업이라는 이야기를 무색하게 만들고 있다.

이 회사의 연필 중 최고급 제품은 디지털 시대를 대표하는 애플 펜슬보다 비싼 가격에 팔리고 있다. 최고의 직원들이 최고의 제품을 만든다는 철학은 장장 4세기에 걸쳐 빛을 발하고 있다.

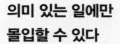

의미 있는 일에만
몰입할 수 있다

누구나 몰입의 중요성을 강조하지만, 모든 일에 몰입할 수는 없다. 우리는 의미 있는 일에만 진정으로 몰입할 수 있다. 일은 단순한 돈벌이와 생계 수단이 아니다. 우리는 일을 통해 쓸모 있는 존재임을 확인하고 성장한다.

한국 기업 구성원들의 업무 몰입도는 매우 낮은 편이다. 근속 연수도 OECD 가입국 중 가장 짧다. 이는 일에서 의미를 찾을 수 없기 때문일지도 모른다. 조직이 복잡해지면서 일의 맥락을 찾기 어려워졌고 안정성도 사라졌다. 빠듯한 조직운영으로 지원도 충분치 않다. 이런 상황에서 몰입할 수 있다면 그것이 오히려 더 이상한 일이다.

일에서 의미를 찾기 위한 첫걸음은 구성원에게 일과 관련된 정보를 제공하는 것이다. 어떠한 가치를 내는지 알 수 없는 일에서는 의미를 찾을 수 없다. 조직은 구성원에게 조직의 목표와 운영 방식에 대한 충분한 정보를 제공함으로써 주도성을 가지고 일할 수 있도록 해야 한다.

구성원들이 일의 주인이 될 때 일은 특별한 의미를 지닌다. 구성원들을 일의 주인으로 만들기 위해서는 구성원들의 의견을 반영해야 한다. 그리고 구성원들에게 일을 주도적으로 설계할 수 있는 권한과 자율권을 제공해야 한다.

일터의 의미를 업그레이드하는 것도 중요하다. 일 자체의 의미를 높이는 노력과 함께, 배려와 존중을 통해 구성원이 기꺼이 함께하고자 하는 일터를 만들어야 한다.

경영은 측정을 강조한다. 측정할 수 없는 것은 관리할 수 없기 때문이다. 하지만 이런 사고는 '의미'와 같은 요소를 간과하는 실수로 이어질 수 있다. 의미는 측정하기 어렵다. 그러나 때로는 측정할 수 없는 가치를 창출할 수도 있다.

앞서 사례로 살펴본 징거맨은 2008년 금융위기를 겪으며 현금 고갈을 눈앞에 두고 있었다. 이때 구성원들은 경영진이 나서기 전에 자발적으로 근무시간을 줄이고, 단기적인 급여 삭감과 함께 보너스 지급을 뒤로 미루며 현금 지출을 최소화했다. 이 노력에 힘입어 회사는 위기를 극복할 수 있었다. 일과 일터가 소중한 의미를 지닌 공간이었기 때문이다. 측정할 수 없다는 이유로 일과 일터의 의미를 무시했다면 직원들의 일터를 지키려는 노력은 기대할 수 없었을 것이다.

5장
키워드4.
가치와 방식의 진화

뛰어도 뛰어도 제자리다. 루이스 캐럴Lewis Carrol의 동화《이상한 나라의
앨리스》의 속편인《거울 나라의 앨리스》에는 붉은 여왕의 이야기가 등
장한다. 거울 나라에는 모든 것이 빠른 속도로 움직인다. 그래서 정신없이
뛰어야 겨우 같은 자리에 머물 수 있다. 앞으로 나가기 위해서는 죽을힘을
다해서 달려야만 한다. 그래서 붉은 여왕은 언제나 멈춤 없이 달린다.

이 거울 나라는 신비한 동화 속에만 존재하지 않는다. 우리가 사는 바
로 이곳이 가만히 서 있으면 뒤처지는 거울 나라다. 과거의 방식을 따르
면 어느덧 경쟁에서 밀려난 자신을 발견할 수 있다. 뒤처지지 않기 위해
서는 일하는 방식도 끊임없이 진화해야 한다.

:: MP3와 주판 ::

새로운 밀레니엄을 눈앞에 둔 1990년대, 한국의 음반사들은 최고의 전성기를 누렸다. 전 세계에 한류가 퍼진 지금과 달리 주로 국내를 대상으로 했음에도 지금은 좀처럼 나오지 않는 밀리언셀러 앨범이 매년 몇 장씩 등장했다.

이런 상황에 MP3가 등장했고, 인터넷과 함께 음원 시장의 개편을 예고했다. 그러나 호황에 빠져 있던 당시 음반사들은 변화를 외면하고 과거의 방식을 버리지 않았다. 그 결과는 참담했다. 시장을 지배하던 대형 음반사 대부분이 2000년대 초반 문을 닫았다. 시장은 디지털 음원으로 무장한 신규 업체가 지배했다. 불과 얼마 전까지의 호황을 생각하면 너무나 허무한 몰락이었다.

경기문화재단 대표이자 음악평론가인 강헌 씨는 한 강연에서 당시 잘나가던 음반사 최고경영자를 찾아갔던 일을 회상했다. 나이가 지긋한 음반사의 최고경영자는 디지털 음원에 대해 설명을 듣고도 전혀 이해하지 못했다고 한다. 더욱이 그의 책상 위에는 컴퓨터도, 계산기도 아닌 커다란 주판이 놓여 있었다고 한다.

많은 사람이 음반사의 몰락이 MP3와 불법복제 때문이라고 말한다. 하지만 그것만으로는 모든 것을 설명할 수 없다. 사람들은 여전히 음악을 듣고 음원을 파는 시장 역시 존재한다. 단지 그 형태가 디지털로 바뀐 것뿐이다. 음악가들을 누구보다 잘 알고 있었고, 유통망을 쥐고 있었으며, 많은 자본을 축적하고 있던 당시의 음반사들은 음원 소비 시장의 변화에 적응하는 것은 물론 더 나아가 주도할 능력이 충분히 있었다. 하지만 그들은 일하는 방식을 바꾸지 않았다. 손에서 주판을 놓지 못했던 것이다.

일의 본질, 그 마지막 키워드는 진화Evolution다. 진화하고 발전하지 못하는 일은 얼마 지나지 않아 사라질 수밖에 없다.

지금 당장, 이 순간만을 생각한다면 일에 진화라는 개념은 필요치 않다. 올바른 목표를 지향하고, 조직의 다른 부분과 잘 연계되어 있으며, 의미 있는 일이라면 그걸로 충분하다. 하지만 현실은 모든 것이 숨 가쁘게 달리는 거울 나라와 같다.

새로운 기술은 끊임없이 등장한다. 상상할 수 없었던 사업모델이 시장에 등장하고 고객의 취향과 눈높이는 계속 바뀐다. 경쟁자라 생각하지 않았던 개발도상국은 저렴한 인건비를 무기로 어느덧 우리 뒤를 바짝 쫓고 있다. 갈수록 치열해지는 경영 환경 속에서 발전하지 못하는 기업은 결국 도태된다.

조직에 요구되는 진화는 새로운 사업 아이템이나 사업에 국한되지 않는다. 일하는 방식이 바뀌어야 한다. 같은 제품과 서비스라도 진화된 방식으로 더 나은 품질과 저렴한 원가를 제공할 수 있는 쪽이 결국 살아남는다. 발전하지 못하면 사라진다. 주판에서 컴퓨터로, 다시 스마트폰으로 계속 발전해야 한다.

:: 변화라는 기회 ::

환경이 빠르게 바뀌면서 이제까지의 기술과 노하우가 그 가치를 잃고 있다. 이에 따라 새로운 지식을 갖춘 인력에 대한 수요가 늘고 있다. 그러나 새로운 인력이 언제나 충분한 것은 아니다.

유럽연합은 2020년까지 50만 명의 하이테크 인력이 부족할 것으로 예측하고 있다. 글로벌 컨설팅 회사인 PwC의 2019년 조사에 따르면, 최고경영자의 79%가 핵심 기술을 가진 직원의 부족을 호소하고 있다. 이는 2012년 53%에 비해 26%가 늘어난 수치다. 인재가 부족하다는 이야기는 결국 사업과 일이 달라지고 있다는 뜻이다. 그에 더해 어느 학교나 기관도 그 일을 할 수 있는 인력을 충분히 공급하지 못하고 있다는 의미이기도 하다.

인재가 부족하다면 조직이 해야 할 일은 분명하다. 막연히 인재를 기다리지 말고 인재를 육성해야 한다. 구성원들의 업무 능력을 향상시켜야 한다. 여기에 더해 일하는 방식도 함께 바뀌어야 한다. 새로운 인재가 들어와도 과거의 틀 안에서는 새로운 가치를 만들 수 없다. 새로운 인재와 일이 필요하다는 것은 분명한 위기다. 그러나 시장을 선점하는 기회가 될 수도 있다. 위기를 기회로 바꾸는 힘은 구성원들의 일하는 방식에 달려 있다.

:: 구성원의 업그레이드가 필요한 이유 ::

피터 드러커는 지식노동자가 실패하는 이유로 변화 능력의 부족을 꼽았다. 과거에 성공했던 방식을 고집하는 과정에서 실패를 맛본다는 의미다. 잘못된 일을 잘못된 방식으로 처리하지 않기 위해서는 진화해야 한다. 변화가 일상이 된 세상에 살아남기 위해서는 열심히 일하는 것 못지 않게 과연 이 방식이 유효한지, 더 나은 방법은 없는지 끊임없이 고민해야 한다.

그러나 변화의 책임을 구성원 개인에게만 맡길 수는 없다. 개인의 시각과 자원에는 한계가 있다. 주어진 일을 처리하기에도 바쁘다. 또한 한 명의 구성원이 일하는 방식을 바꾼다고 해서 조직 전체의 성과로 이어지는 것은 아니다. 모두가 함께 변할 때 조직 전체의 성과가 좋아진다. 변화에 열려 있는 개인의 자세도 중요하지만, 조직은 구성원들에게 방향을 제시함으로써 개인의 일과 역량을 체계적으로 진화시킬 수 있는 메커니즘을 만들어야 한다.

구성원들의 업무 능력을 향상시키는 데 소극적인 조직도 있다. 밖에서 인재를 데리고 오면 된다고 생각하는 것이다. 그러나 새로운 기술을 지닌 인재는 드물고 몸값도 비싸다. 액센츄어Accenture의 최고 기술 혁신 담당자인 폴 도허티Paul Daugherty는 이렇게 말한다. "많은 경영자가 새로운 사람을 고용하면 된다 생각하지만 아마 새로운 사람들을 찾지 못할 것이다." 이른바 '뜨는' 기술을 보유한 인재는 데려오고 싶어도 데려올 수 없는 경우가 많다.

게다가 더 중요한 문제가 있다. 필요에 따라 일회용품을 쓰듯 사람을 샀다 버리기를 반복하는 조직에서는 누구도 몰입하지 않는다. 그런 조직은 아주 작은 위기만 닥쳐도 심각한 인력 유출을 겪게 된다. 폐쇄적으로 내부의 인재만을 고집할 필요는 없다. 외부에서 새로운 인재를 수혈 받으려는 노력은 필요하다. 하지만 이런 노력은 기존 인력의 수준을 업그레이드하려는 노력과 조화를 이룰 때 더욱 큰 효과를 기대할 수 있다.

조직 차원에서의 역량 개발

조직은 구성원이 시대 변화에 맞춰 일할 수 있도록 체계적인 역량 상승Upskilling 프로그램을 제공해야 한다. PwC는 새로운 시대에 맞춰 구성원의 역량을 높이기 위한 6단계의 로드맵을 제안했다.[18] 그 내용을 살펴보자.

1단계는 상황을 올바르게 분석함으로써 변화 방향을 정의하는 것이다. 조직이 처한 상황을 반영해 변화의 방향을 정해야 한다. 경영진, 직원 대표 등 일과 관련된 모든 이해관계자가 참여해 다양한 관점에서 미래를 전망하고 방향을 설정해야 한다.

2단계는 재교육을 위한 계획을 마련하는 것이다. 많은 재교육이 계획조차 세우지 못하고 형식적으로 이뤄짐으로써 부적절한 인력에게 불필요한 기술을 교육하는 것으로 끝난다. 모두에게 모든 기술을 교육하는 것은 현실적이지 못한 목표다. 변화에 가장 영향을 많이 받을 기술과 인력을 우선순위에 두고 교육 계획을 마련해야 한다.

3단계는 교육 대상들을 평가하고 조언하는 작업이다. 교육 대상자들의 현재 역량 수준을 평가함과 동시에 변화에 대한 열망을 불어넣어야 한다. 이 과정을 통해 교육 대상자들은 자신의 역량을 높이는 작업에 대해 스스로 책임을 진다.

4단계는 개인 직무에 딱 맞는 교육을 제공해야 한다. 불필요한 교육이 되지 않도록 교육 대상자가 교육을 통해 향후 어떤 일을 수행할 수 있는지, 그 일을 하기 위해 어떤 기술을 익혀야 하는지 분명히 함으로써 개인의 목표를 정할 수 있다.

5단계는 유능한 교육 서비스 제공자를 초빙하는 것이다. 특히 미래 기술과 관련해서는 조직 내부에서 적절한 인력을 찾기 어려울 수 있다. 필요하다면 외부기관 등과의 협업이 필요하다.

마지막 6단계는 교육과정을 관리하면서 성과를 추적하는 것이다. 다수의 구성원이 참여하는 교육을 제대로 운영하기 위해서는 누가 어떤 프로그램에 참여하는지, 적절한 효과가 있는지 추적해야 한다. 성공 사례를 전파함으로써 더 많은 사람이 참여할 수 있도록 동기를 부여하는 것도 필요하다.

당연한 이야기지만, 이러한 프로그램을 변화가 닥친 이후에 부랴부랴 준비하는 것은 바람직하지 못하다. 변화 이전에 미리 준비하는 것이 가장 좋다. 조직이 변화의 충격 속에 빠져 있는 상황이라면 아무래도 교육에 자원과 시간을 투자하기 어렵다. 지금이라도 구성원의 업무 능력을 향상시키는 데 도움이 되는 시스템을 준비해야 한다.

미국의 통신업체 AT&T가 진행 중인 '퓨처 레디Future Ready' 프로젝트는 기술 변화 대응을 위한 체계적인 구성원 역량 제고 작업의 좋은 예다. 통신업계는 기술 변화가 특히 빠른 산업 중 하나다. AT&T 역시 불과 몇 년 사이에 사업의 중심이 음성에서 데이터로, 하드웨어에서 클라우드로, 유선에서 모바일로 바뀌면서 수없이 많은 일이 사라지고 또 새로운 일들이 생겨났다. 그러나 구성원들의 역량은 변화를 따라잡지 못하고 있었다. 2008년 구성원의 역량을 진단한 결과, 25만 명 중 디지털 기술 관련 지식을 갖춘 직원은 절반에 불과했다. 나머지는 관련 업무를 수행할 수 없음은 물론, 새로운 업무를 이해하기조차 어려운 수준이었다. 게다가 10년 이내에 사라질 가능성이 큰 하드웨어 관련 분야에서 근무하는 직원이 10만 명에 달했다. 평균 근속 연수가 22년에 달하는 이 조직은 낡은 기술들로 가득했다. 회사는 결단을 내렸다. 10억 달러라는 거금을 투자해 구성원들을 재교육하는 퓨처 레디 프로그램을 진행하기로 했다.

먼저 AT&T는 미래에 필요한 일과 그것을 해야 할 사람에게 필요한 역량을 정의한 미래 역할 프로파일Future Role Profile을 구축했다. 250개에 달하는 역할을 80개의 역할로 통합해 정리했다. 예를 들어 분리되어 있던 소프트웨어의 코드 작성과 테스트 업무를 통합한 것이다. 개별 작업의 효율만을 중시하는 분업보다 여러 작업을 전체적인 관점에서 보는 것이 중요해진 새로운 환경을 고려한 조치였다. 직원의 역량을 어떻게 키워야 할지 계획하기 위해 현재 인력이 수행해야 하는 미래의 역할도 함께 제시했다.

또한 직원들이 향후 역량 개발과 관련해 올바른 의사결정을 내릴 수 있도록 구성원의 현재 역량을 진단해주는 온라인 포털Career Intelligence을 개설했다. 직원들은 이곳에서 회사가 필요로 하는 일과 그 일을 수행하는 데 요구되는 기술을 확인할 수 있었다. 그 기술을 확보했을 때의 급여 및 해당 분야의 전망에 대한 정보도 얻을 수 있었다. 회사가 강요하는 것이 아니라 개인이 자신의 수준을 확인하고 로드맵을 세울 수 있게 한 것이다.

AT&T는 구성원의 역량을 높이는 프로그램을 개발하기 위해 코세라Coursera, 유다시티Udacity 등 교육 전문 회사를 활용했다. 조지아 공과대학Georgia Tech, 노트르담Notre Dame 대학과도 데이터 과학 석사과정, 오클라호마 대학과는 데이터 분석에 중점을 둔 온라인 석사 학위를 공동으로 운영하고 있다.

그러나 교육 프로그램에 참여한다고 해서 기존 업무를 면제해준 것은 아니다. 모든 비용을 회사에서 부담하지도 않았다. AT&T는 직원들이 자신의 시간과 비용을 투자해야 한다는 것을 명확히 밝혔다. 변화의 의지가 있는 구성원에게만 기회를 주었다.

구성원의 참여도를 높이기 위해 평가와 보상 체계도 바꿨다. 개인의 기여도와 시장가치에 따른 보상과 변동 보상을 강화함으로써 교육을 통해 미래에 필요한 기술을 습득한 직원들이 더 많은 금전 보상을 받도록 했다.

이와 같은 노력은 어떤 성과를 거두었을까? 2018년까지 직원의 절반 이상이 데이터 과학, 사이버 보안, 애자일 프로젝트 관리 및 컴퓨터 과학 등의 분야에서 270만 개의 온라인 과정을 수료했으며, 재교육을 받은 직원들은 조직에서 중요한 역할을 맡고 있다. 새로운 기술 관리직의 절반이 재교육을 받은 인력이었고, 승진 대상의 절반 이상 역시 재교육을 받은 인력이었다. 체계적인 교육을 통해 조직은 인재에 대한 갈증을 일정 부분 해소했고, 개인은 새로운 기회를 얻었다. 성과 측면에서도 긍정적인 모습이 보였다. 교육을 받은 구성원들이 늘어나면서 개발 시간이 40% 줄었고, 개발에서 수익으로 이어지는 기간도 32% 줄었다.[19]

재교육으로 모든 문제가 해결된 것은 아니다. 여전히 역량을 높이지 못해 조직을 떠나야 하는 직원들이 있고, 주주들은 시간과 비용의 압박이 큰 교육보다는 즉각적인 비용 절감 효과를 볼 수 있는 구조조정을 선호한다. 하지만 기업이 앞장서 일과 구성원을 시대에 맞춰 진화시키려는 노력에 박수를 쳐주고 싶다.

:: 앞으로 일은 어떻게 변할까 ::

향후 사라질 직업과 주목받을 직업, 마치 단골처럼 언론 기사에 등장하는 내용이다. 내가 하는 일이 사라질 직업에 해당하면 왠지 마음이 불편하고, 혹시라도 주목받을 직업에 속하면 뿌듯함을 느끼곤 한다. 하지만 대부분 그것이 전부다. 기사에 자극받아 직업을 바꾸기 위해 노력하는 사람은 드물다. 나열된 직업만 가지고는 무엇을 어떻게 해야 할지 구체적인 내용이 떠오르지 않기 때문이다.

언제나 변화를 외치는 기업도 우리의 모습과 크게 다르지 않다. 문제의식은 있지만 생각에 머무는 경우가 대부분이고, 변화의 파도에 휩쓸리기 전까지 제대로 준비되어 있지 않은 경우가 많다.

일의 변화를 바라보는 우리의 자세가 그렇다. 미래에 어떤 제품과 서비스가 필요할지 많은 관심을 보이는 기업도 '일'이 어떻게 변해야 하는지에 대해서는 큰 관심을 쏟지 않는다. 모든 제품과 서비스는 일의 결과물이다. 조직은 미래의 일이 어떻게 바뀔지, 그것을 위해 무엇을 준비해야 할지 명확한 청사진을 가지고 있어야 한다.

미래를 보는 눈

"문제를 일으켰던 그때의 사고방식으로는 문제를 풀 수 없다." 아인슈타인의 말이다. 새로운 시각과 사고방식의 중요성을 강조한 말이다. 아인슈타인의 말이 무색할 만큼 조직을 지배하는 것은 새로운 시각이 아닌 과거의 논리다. 위계가 분명한 조직에서는 과거의 시각을 지닌 사람들이 더 많은 권한을 갖고 있기 때문이다. 새로운 시각과 사고를 지닌 젊은 구성원들이 있지만, 이들은 목소리를 내기 힘들다. 실제 의사결정은 과거방식에 익숙한 기성세대들이 내린다.

젊은 구성원들의 의견이 묵살되면서 그들은 점차 목소리를 내지 않는다. 젊은 구성원들이 참신한 시각을 버리고 젊은 꼰대로 변하는 것을 '성장'이라 보는 조직도 있다. 이런 조직은 진화하지 못하고 과거에 머물게 된다.

논어에 "불치하문不恥下問"이라는 말이 있다. 아랫사람에게 물어보는 것을 부끄러워하지 않는다는 뜻이다. 하지만 지금처럼 변화가 빠른 시대에 남보다 발전하기 위해서는 모르는 것을 물어보는 수준에 머물면 안 된다. 그렇다고 젊은 인재들이 스스로 목소리를 내기까지 기다려서도 안 된다. 그때는 이미 곪을 만큼 곪았을 가능성이 크다. 빠른 시대 변화에 대응하기 위해서는 젊은 인재들에게 미래의 모습을 그리게 해야 한다. 인간과 같은 생명체는 노화를 피할 수 없지만, 조직은 다르다. 젊은 인재를 통해 새로운 시각을 계속 수혈받는 조직은 끝없이 회춘하며 영원한 젊음을 유지할 수 있다.

1288년에 시작해 무려 700년이 넘는 엄청난 역사를 자랑하는 핀란드 제지회사 스토라엔소Stora Enso는 젊은 구성원들의 시각을 적극적으로 활용해 디지털 시대에 적합한 사업과 일하는 방식을 찾는 데 성공했다. 2010년대에 접어들면서 오랜 전통을 바탕으로 탄탄한 사업을 유지하던 스토라엔소에도 위기가 닥친다. 디지털화가 빠르게 진행되면서 주력 제품인 종이의 수요가 큰 폭으로 감소한 것이다. 생산 시설 감축과 구조조정으로 급한 불은 껐지만 문제는 미래였다. 줄어드는 종이 수요가 갑자기 늘어날 가능성은 없어 보였다. 뭔가 새로운 길을 모색해야만 했다.

이를 위해 임원들이 모였고, 사업은 물론 조직의 프로세스 전반을 바꾸기 위해 회의를 거듭했다. 그러나 새로운 아이디어는 좀처럼 나오지 않았다. 당시 CEO 요코 카르비넨Jouko Karvinen은 "우리는 모두 옛날 이 야기만을 끝없이 반복하고 있다"고 지적하며 그 이유로 경영진의 낡은 시각을 꼽았다. 당시 9명의 핵심 경영진은 모두 중장년 남성으로 대부분 이 스웨덴과 핀란드 출신이었다. 다양성과 젊은 시각이 부족했다.

스토라엔소는 새로운 시각을 가진 직원들을 모아 패스파인더Pathfinder 팀을 만들었다. 이들에게 주어진 미션은 단 하나, '회사의 미래를 창조 하라Create the Company's Future'였다. 젊은 시각을 유지하기 위해 12명의 팀원 중 8명을 30대로 구성했다. 그리고 회사의 논리를 충실히 따르는 기존의 핵심인재로 팀을 구성하지 않고, 다양한 시각을 확보하기 위해 모든 구성원에게 기회를 주고 다양한 국가에서 팀원을 선발했다.

이들은 그림자 경영팀Shadow Management Team으로서 경영진에게 조 언하는 역할을 맡았으며, 새로운 관점에서 조직과 사업의 문제를 진단하 고 대안과 실행 방안을 생각했다. 과거와 다른 시각을 얻기 위해 기존 사 업과 관련 없고, 사업 방식도 다른 기업을 탐구했다. 실제로 인도의 마힌 드라앤마힌드라Mahindra & Mahindra에 방문해 일하는 방식을 연구하기도 했다.

패스파인더는 2년간 연구한 글로벌 트렌드 변화와 혁신의 모범 사례 연구를 종합해 혁신 거점 구축, 리더십 개선, 직원 참여 및 협업 방안 등과 관련된 다양한 제안을 했다. 대부분은 실행으로 이어졌다. 특히 이들은 '사람과 지구에 도움 되는 일을 한다'는 회사의 새로운 목적과 '앞장서 이 끌고, 옳은 일을 한다'는 가치를 정립했다. 이는 결과적으로 재생가능소

재 사업의 확대와 함께 회사 이미지를 탈바꿈하는 데 크게 기여했다. 이후 패스파인더는 구체적인 실행 방안을 마련하는 패스빌더Pathbuilder라는 후속 프로젝트로 이어졌다. 현재까지도 조직에 새로운 시각을 수혈함은 물론, 미래 리더를 발굴하고 육성하는 수단으로 활용되고 있다.

팬데믹 이후, 일하는 방식에 대한 고민

일의 진화에서 일의 내용만큼이나 중요한 것이 일의 형식, 즉 일이 이뤄지는 시간과 장소다. 모두가 사무실에 모여 일하는 지금의 방식이 적합한지 혹은 앞으로 어떻게 바뀌어야 하는지 고민과 함께 철저한 준비가 필요하다.

2020년 전 세계를 강타한 코로나19는 일하는 방식에도 큰 충격을 줬다. 전염을 막기 위해 전 세계의 수많은 기업이 재택근무를 선택했고 구글과 페이스북 등은 코로나19를 계기로 원격근무를 확대하기로 했다. 그러나 현장에는 많은 혼란이 있었다.

가까운 일본의 경우 코로나19 확산 방지를 위해 정부가 재택근무를 권장했다. 그러나 일본 국토교통성에 따르면 실제 실시 비율은 12.6%에 불과했다. 재택근무를 한 경우, 업무에 필요한 자료 등을 바로 확인할 수 없어 큰 불편을 겪었다는 응답이 많았다.

그렇다고 우리가 더 나은 상황이라고 말하기도 어렵다. 코로나19는 사전에 예측하기 어려웠던 예외 상황이었다. 하지만 이로 인한 혼란은 일하는 방식의 변화에 유연하게 대처하는 능력이 부족했음을 보여줬다.

코로나19와 같은 예측하지 못한 상황에 유연하게 대응하기 위해서뿐만 아니라, 구성원들의 더 높은 생산성과 몰입을 위해서도 일의 장소와 시간에 대해 다양한 검토가 필요하다. 더는 한 장소에서 같은 시간 일하는 현재의 근무형태가 유일한 대안이 될 수 없다.

실제로 많은 구성원이 유연한 근무형태를 원하고 있다. 2017년 한 조사에 따르면, 재택근무가 가능하다면 현재보다 8% 낮은 급여를 수용할 수 있다는 결과도 있었다. 많은 사람이 가사를 돌보고 출퇴근 시간을 절약하며, 생활비가 저렴한 곳에서 살 수 있는 재택근무를 선호하고 있다.

근무형태는 일과 조직 전반에 영향을 미치므로 이를 바꾸기 위해서는 철저한 검토와 준비가 필수다. 단지 구성원이 원한다는 이유로 근무형태를 성급히 바꿀 수는 없다. 장점만큼이나 많은 부작용이 나타날 수 있기 때문이다. 재택근무를 선도적으로 도입했던 IBM은 재택근무로 구성원 간 협업과 의사소통이 줄어드는 등의 문제가 발생하자 2017년부터 일부 직군의 재택근무를 축소했다. 새로운 근무형태는 도입도 어렵지만 도입한 내용을 되돌리기는 더 어렵다.

가장 대표적인 대안인 재택근무제를 시행하기 전에 고려해야 할 몇 가지를 생각해보자. 먼저 기술적인 인프라를 갖춰야 한다. 업무에 필요한 자료를 어디서나 볼 수 있는 시스템 구축과 함께 자료 유출을 방지하는 보안시스템, 근무시간을 측정할 수 있는 도구도 필요하다.

직원들의 교육 방법도 고려해야 한다. 아직도 많은 교육이 실제 현장에서 이뤄지고 있다. 특히 신입 사원 등과 같이 교육이 꼭 필요한 경우, 어떻게 지도해야 할지 미리 고민해야 한다.

재택근무가 가능한 직군과 업무 역시 신중히 고민해야 한다. 독립적으로 업무를 수행하는 것이 가능하다면 어려움이 없겠지만, 협업과 의사소통, 지속적인 논의가 필요한 업무도 있다. 하지만 무엇보다 중요한 것은 통제 없이도 자율적으로 일할 수 있을 정도의 성숙한 조직과 구성원이다. 신뢰가 부족한 상황에서는 유연근무의 이익보다 통제에 들어가는 비용이 더 클 수 있다. 과거와 같이 직접 대면만을 일이라 생각하는 문화에서 유연근무제는 정착할 수 없다. 유연한 근무형태는 단순히 제도의 문제가 아니다. 조직문화의 개혁과 함께 단계적으로 진행되어야 한다.

일본의 많은 기업이 코로나19 사태로 인한 재택근무로 혼란을 겪었다. 하지만 그중에는 비교적 철저한 사전 준비로 돋보이는 회사도 있었다. 2007년부터 'e-Work'라는 명칭의 재택근무를 운영 중인 파나소닉이 그 주인공이다. 파나소닉은 비교적 오랜 기간 재택근무를 시행하면서 제도를 정비해왔다. 몇 가지만 살펴보자.

파나소닉은 거의 모든 사무직에게 재택근무의 문을 열어 놓고 있다. 그러나 현장 작업자와 보안 담당자, 비서 등 특정 업무 수행 인력과 조직 적응과 교육이 필요한 신입 사원은 대상에서 제외함으로써 업무 차질과 교육의 공백을 최소화하고 있다. 매달 정상 근무일의 절반을 재택근무의 한도로 정하고, 상사가 호출할 경우 즉시 출근하는 것을 원칙으로 한다. 이를 통해 유연한 근무의 이점을 누리면서도 협업이 필요하거나 긴급한 상황에 잘 대응할 수 있도록 하는 것이다.

인프라도 상당히 잘 구축되어 있다. 파나소닉의 클라우드 솔루션인 업무 나침반을 통해 집에서도 회사 시스템에 접속할 수 있다. 애플리케이션이나 프로그램 사용 기록을 통해 법적으로 정해진 근무시간도 측정할 수 있다. 회사 밖에서 사용하는 단말기의 도난이나 분실로 인한 정보 유출을 차단하기 위해 원격으로 모든 데이터를 지울 수 있는 시스템까지 갖추고 있다. 2015년 조사에 따르면, 재택근무를 선택할 수 있는 4만 명의 대상자 중 약 7000명이 재택근무를 하고 있다고 한다. 파나소닉은 코로나19 사태가 일어나자 자신들이 개발한 재택근무의 솔루션을 준비가 미흡한 회사와 공유하고 있다.

코로나19 사태로 주목받고 있지만, 재택근무만이 진화된 근무형태는 아니다. 조직은 구성원의 창의성과 집중력을 끌어올릴 수 있는 환경에 대해 끊임없이 고민해야 한다.

최초로 달에 발을 내디딘 닐 암스트롱의 목소리를 전한 헤드셋을 만든 것으로 유명한 오디오 장비 업체인 미국의 플랜트로닉스Plantronics는 2008년부터 일하는 방식과 업무 환경을 혁신적으로 개선하는 작업을 진행했다. 먼저 구성원들이 하는 일을 세세히 분석해 업무 공간을 협업, 의사소통, 사고, 집중을 위한 4개의 영역으로 재편하고, 구성원들이 그날의 업무 성격에 따라 적합한 장소를 선택해 일하게 함으로써 효율성을 높였다. 이 회사는 업무 공간 운영 비용을 30% 이상 절감함과 동시에 구성원의 이직률을 낮추고 만족도를 높였으며 구성원의 몰입을 크게 높이는 성과를 얻었다.

조직과 구성원 모두가
진화해야 한다

빠른 변화 속에서 가만히 있는 것은 곧 퇴화다. 진화하고 발전하지 못하는 일은 얼마 지나지 않아 사라질 수밖에 없다. 그런 의미에서 일의 본질, 그 마지막 키워드는 진화다.

조직은 변화에 살아남기 위해 새로운 인재를 원한다. 그러나 인재는 언제나 부족하다. 조직은 구성원과 일을 업그레이드함으로써 변화를 위기가 아닌 기회로 만들어야 한다. 이를 위해 조직은 먼저 구성원들의 역량을 업그레이드하는 체계를 구축해야 한다.

조직은 현재 상황을 올바르게 분석하고 변화 방향을 제시해야 한다. 이를 바탕으로 직원들을 재교육시키고, 교육 대상자들을 평가하고 변화에 대한 열망을 심어주는 것이 좋다. 다음으로 개인 직무에 딱 맞는 교육을 제공해야 한다. 교육의 방향을 명확히 하고, 유능한 교육 서비스 제공자를 선정해야 한다. 일회성의 행사가 되지 않도록 계속 관리하면서 성과를 추적하는 것도 필요하다.

또한 조직은 일이 어떻게 바뀔지에 대한 청사진도 제시해야 한다. 이를 위한 첫 번째 조건은 새로운 시각을 확보하는 것이다. 새로운 시각을 지닌 젊은 인재들에게 미래를 그리는 임무를 부여해야 한다.

이에 더해 조직은 일하는 장소와 방식의 변화에 대비해야 한다. 많은 구성원이 다양한 근무형태를 원하고 있지만, 근무형태의 변화는 제도적, 기술적 준비는 물론 문화의 변화까지 요구되는 어려운 일이기 때문에 철저한 대비가 필요하다.

유연한 근무형태가 의미 있는 대안이 되기 위해서는 언제 어디서나 필요한 자료에 접근하면서도 보안 문제를 최소화할 수 있는 인프라, 신입 사원 교육과 같은 문제를 보완할 방안, 유연 근무가 가능한 직군과 업무를 미리 선정하는 작업이 필요하다. 궁극적으로는 통제 없이도 자율적으로 일할 수 있는 성숙한 조직 문화가 요구된다.

일과 일하는 사람, 둘을 분리해서 생각하기는 어렵다. 새로운 방식으로 일을 바꾼다고 해도 그 일을 수행하는 사람들이 바뀌지 않는다면 그 변화는 실패하기 쉽다. 마찬가지로 새로운 시각과 기술을 가진 사람도 과거 방식과 제도가 지배하는 조직에서 자기 뜻을 펼 수 없다. 새로운 가치와 방식을 위한 진화는 일과 일하는 사람 모두에게 필요하다.

2부

일하는 방식이 바뀌지 않으면
가짜 일이 생긴다

앞서 살펴본 일의 본질은 씨앗이다. 목표, 정렬, 의미, 진화라는 씨앗을 뿌리고 잘 가꿔야 한다. 일의 본질을 찾는 작업은 가짜 일을 솎아내는 작업과 함께 진행해야 한다. 가짜 일은 마치 잡초처럼 자라나 진짜 일에 필요한 양분을 빼앗기 때문이다. 일의 본질만큼이나 가짜 일에 대해서도 알아야 한다.

일이 아니지만, 마치 일처럼 우리 주변에 숨어 있는 가짜 일의 본모습과 그 뿌리를 살펴보고, 우리가 가짜 일을 선택하는 이유와 일의 본질이 훼손되었을 때 치러야하는 대가에 대해 알아보자.

6장
일의 본질을 잃었을 때
나타나는 5가지 증상

악은 부지런하다. 가짜 일도 그렇다. 모두가 열심히 일해도 성과가 만족스럽지 못하다면, 성과와 관계없는 가짜 일 때문일 가능성이 크다. 시간이 흐르면서 점점 늘어나는 가짜 일은 암세포가 건강한 세포를 공격해 그 자리를 빼앗듯 성과를 내는 진짜 일을 밀어낼 수도 있다.

하지만 게으름이나 딴짓과 달리 부지런한 가짜 일은 잡아내기 힘들다. 겉으로는 열심히 일하는 것처럼 보이기 때문이다. 그래서 우리에게는 가짜 일을 꿰뚫어 보는 눈이 필요하다.

보여주기, 시간끌기, 낭비하기, 다리걸기, 끌고가기. 이 5가지의 '－기', 즉 '5기'는 일터에서 흔하게 볼 수 있는 가짜 일이다. 일의 본질을 찾기 위한 첫걸음은 가짜 일의 민낯을 정확히 파악하는 것이다.

:: 가짜 일1. 보여주기 ::

1787년, 러시아 황제 예카테리나 2세Catherine II는 제국을 순시하는 여행을 시작했다. 당시 장관이자 그녀의 숨겨진 연인인 포템킨Grigory Potemkin 공작은 그녀가 농민들의 가난한 삶을 볼 수 없도록 가짜 마을을 만들기로 했다. 그녀가 지나갈 뱃길을 따라 나무판자로 그럴듯한 건물이 있는 것처럼 마을을 급조한 것이다. 가짜 마을 사람들은 깨끗한 옷을 입고 있었다. 물론 그들은 농부로 변장한 포템킨 공작의 부하들이었다. 이 마을은 가짜였을 뿐만 아니라 휴대용이었다. 여제에게 마을 모습을 보여준 이후에는 바로 해체해 다시 그녀가 방문하게 될 지역으로 옮겨 세워졌기 때문이다. 그 후로 '포템킨 마을Potemkin Village'은 보여주는 것이 목적인 알맹이 없는 전시 행정의 대명사가 되었다.

후대의 역사학자 중 일부는 포템킨 마을이 다소 과장된 이야기라고 말한다. 수백 년간 욕을 먹어온 포템킨 공작은 억울할 수도 있을 것 같다. 하지만 그의 억울함을 다독거리기에 앞서 주목해야 할 점은 우리 주위에도 보여주기가 목적인 일이 많다는 사실이다.

보여주기의 형태

조직에서 인정받기 위해서는 무엇보다 성과를 보여줘야 한다. 하지만 말처럼 쉽지 않다. 그래서 우리 주변에는 성과가 아닌 다른 것을 보여줌으로써 인정받고자 하는 사람들이 많다. 포템킨 공작처럼 눈속임으로 하는 일들이 바로 첫 번째 가짜 일인 보여주기다. 보여주기에는 2가지 재료가 필요하다.

첫째, 성과로 위장된 가짜 성과다. 실제 조직의 성과가 아닌 성과, 예를 들면 내용 없이 양만 많은 보고서나 상사 개인을 위한 일을 성과로 위장하는 것이다. 자신의 똑똑함을 과시하기 위해 회의에서 괜한 꼬투리를 잡는 것도 보여주기의 하나다.

둘째, 결과Output가 아닌 투입Input이나 태도를 성과로 위장하는 것이다. 일부러 안 해도 될 야근이나 주말 근무를 하는 것, 상사에게 아부하거나 개인적인 충성심을 드러내기 위해 하는 일들이 이에 해당한다. 투입물을 보여줌으로써 성과를 인정받으려는 보여주기는 때때로 왜곡된 정신주의Spiritualism의 모습으로 굳어지기도 한다. 성과보다 정신력이나 태도가 평가를 좌우하는 기준으로 자리 잡는 것이다.

어떤 일이 보여주기에 해당하는지 판단하기 어렵다면 일의 대상을 보면 된다. 문제가 되는 보여주기는 대부분 고객이 아닌 상사를 위한 일이다. 고객을 만족시켜 얻는 성과에는 관심이 없고, 상사를 만족시킴으로써 개인의 이익을 얻는 것이 목적이다. 상사의 기쁨과 만족이 돈으로 바뀌는 기묘한 수익모델을 가진 조직이 아니라면 보여주기는 가짜 일일 수밖에 없다.

보여주기로 물든 조직, 어떻게 진단할까?

말은 많지만 되는 일은 없다. 보여주기로 물든 조직에서는 행동보다 말이, 실행보다 계획이, 실속보다 형식이 중요하다. 상사가 보기 전까지는 보고서에 엄청난 노력을 들이지만, 보고가 끝난 후 실행에는 관심을 보이지 않는 것이 대표적이다.

내용의 충실함보다 보고서의 화려함이나 형식이 보고서의 평가를 좌우하는 것도 보여주기로 물든 조직의 특징이다. 어떤 내용으로 채울 것인가에 대한 고민보다 어떻게 꾸며야 하는지에 더 많은 시간을 쏟는다. 상사의 개인 취향에 민감한 것도 주요한 증상이다. 어떤 상사에게 보고할 때 특정 단어를 쓰면 안 된다거나 혹은 특정 양식을 선호한다는 등의 내용이 대단한 노하우처럼 공유되기도 한다. 재미있게도 이런 조직일수록 고객의 취향에는 둔감하다.

바쁜 상사가 쉽게 이해할 수 있는 보고서를 만드는 일은 필요하다. 하지만 이것이 조직에서 굉장히 중요한 일이 되거나 평가의 기준이라면 곤란하다. 말 그대로 보여주기는 보여줄 뿐 성과를 내는 일이 아니기 때문이다.

보여주기가 만연한 조직은 야근도 많다. 일이 많아서 야근하는 것이 아니니 직원들은 평소 느슨하게 일한다. 직원들은 인터넷이나 신문을 뒤적이며 상사의 퇴근만을 기다린다.

보여주기에 취약한 조직은 따로 있다

어떤 조직은 다른 조직보다 보여주기가 훨씬 더 쉽게 뿌리를 내린다. 보여주기에 취약한 조직이 따로 있는 것이다. 무엇이 성과인지 명확하지 않은 경우, 보여주기가 발생하기 쉽다. 판매량, 생산량, 품질 등과 같이 성과를 측정할 수 있는 지표가 있는 경우 가짜 성과로 인정받기가 어렵다.

하지만 지식노동은 개인의 성과를 측정하기 어렵다. 특히 크고 복잡한 조직은 개인의 일이 여러 단계를 거쳐 최종 성과와 연결되기 때문에 개인의 성과를 측정하는 것이 더욱 어렵다. 그래서 많은 조직이 진정한 성과를 측정하려 하지 않고, 투입물이나 태도에 의존해 구성원들을 평가한다. 이러한 평가 기준은 구성원들의 눈을 성과가 아닌 다른 곳으로 돌리게 만든다. 구성원들은 진짜 성과를 위해 노력하지 않고 성과가 아닌 것을 성과로 포장하기 바쁘다.

보여주기가 서식하기 좋은 또 하나의 조건은 권위적인 문화다. 권위적인 문화에서는 객관적인 증거보다 상사의 주관적인 의견이 중요하다. 이런 조직에서 구성원들은 상사의 심기와 취향을 맞추는 데 초점을 둔다.

:: 가짜 일2. 시간끌기 ::

누구나 선택에 따른 실패를 피하고 싶어 한다. 성공하고 싶은 욕망보다 실패를 피하고 싶은 동기가 더 큰 경우도 많다. 실패에 대한 두려움은 가짜 일을 만든다. 바로 시간끌기다. 불확실성으로 인한 두려움은 필요 이상의 정보를 수집하게 만든다. 더 나은 의사결정을 위해 정보를 모으는 것이 아니다. 의사결정과 실행을 뒤로 한없이 미루며 시간을 끄는 데 목적이 있다.

불확실성은 언젠가 해소된다. 하지만 실패가 두렵다고 아무 일도 하지 않고 시간을 끌면 주변으로부터 무능한 사람, 우유부단한 사람으로 낙인 찍힐 수 있다. 이때 핑계가 되어주는 가짜 일이 필요하다. 물론 그 핑계를 만드는 데도 상당한 노력과 시간이 들어가지만, 그래도 두려운 의사결정을 하는 것보다는 훨씬 낫다. 조직의 효율성을 갉아먹는 가짜 일의 상당수는 의사결정을 위한 일처럼 보이지만 실은 의사결정을 미루기 위해 시간을 끄는 일들이다.

정당하게 시간을 끄는 다양한 방법들

시간끌기는 빈둥대며 해야 할 일을 뒤로 미루는 것과 다르다. 열심히 일하며 의사결정을 미뤄야 하는 이유를 찾는 것이 시간끌기다. 일하지 않고 노는 것이 목적은 아니다. 실행과 책임을 회피하는 것이 목적이다.

시간끌기는 다양한 형태로 우리 주변에 숨어 있다. 대표적인 것이 '검토'다. 합리성에 바탕한 조직에서 검토는 꼭 필요한 절차다. 시간끌기는 바로 이 틈을 파고든다. 어디까지 검토하는 것이 적정한지 기준이 없는 상황에서 꼼꼼한 검토라는 명목으로 끝없이 시간을 끈다. 의사결정에 필요한 정보가 부족하다며 책상 가득 정보를 모으고 분석한다. 온갖 방식으로 정보를 분석하고 보고서를 만든다. 그러고는 의사결정을 위한 회의를 열고, 더 자세히 검토하자며 다음 회의를 잡는다. 이런 상황은 계속 반복된다. 모두가 열심히 일하고 있지만, 누구도 실행하지 않는다. 실행이 아닌 검토, 보고, 회의가 일이 되는 것이다. 돌다리를 두드려본다며 남들이 모두 건널 때까지 두드리기만 할 뿐이다.

불확실한 상황에서 의사결정을 내려야 할 때 정확성만이 유일한 가치는 아니다. 적절한 타이밍도 중요하다. 시간이 흐르면 당연히 불확실성은 줄어들지만, 어느 시점이 지나가면 의사결정을 내려도 소용없는 상황이 생기기 때문이다. 1등 발표 후에 복권을 사는 사람을 보고 비웃을 사람들이 일터에서 그와 똑같은 일을 하고 있는 셈이다.

상사와 부하가 함께 시간을 끌 때도 있다. 부하가 보고서를 올리면, 의사결정을 내릴 자신이 없는 상사는 사소한 오탈자 수정이나 불필요한 분석을 지시하며 다시 아래로 보낸다. 물론 이 과정도 지루하게 반복된다.

끝은 있다. 우리보다 먼저 의사결정을 내린 경쟁사가 시장을 점령하면 검토를 핑계로 시간을 끌 필요가 없어진다. 그때쯤 책상 위에는 온갖 분석으로 채워진, 그러나 이제는 쓸모없는 보고서가 산을 이루며 쌓여 있다.

시간끌기에 빠진 조직의 특징

시간끌기에 빠진 조직은 몇 가지 특징적인 모습을 보인다. 먼저, 실행에 대해 지나치게 까다로운 기준을 가지고 있다. 새로운 사업을 추진할 때 '수익성은 높고 돈은 적게 들어가면서 진입장벽이 없을 뿐만 아니라 기존의 강자가 없어야 한다'는 식의 기준을 내세우는 것이다. 상식적으로 그런 사업은 존재하기 어렵다. 기준에서부터 하지 않겠다는 강한 의지가 엿보인다.

또한 "다시 검토해봅시다"라는 말이 입에 붙어 있다. 많은 회의의 유일한 결론은 다음 회의 일정이다. 다음 회의를 기약하며 결정을 뒤로 미루는 것이다.

그리고 필요 이상의 보고가 미덕이다. 굳이 상사에게 보고하지 않아도 되는 사항까지 보고한다. 겉으로는 상사 의견을 참고하기 위함이라고 하지만, 결국 책임을 상사에게 미루고 시간을 끌기 위한 수단일 뿐이다.

그러나 구성원들은 이미 알고 있다. 우리 조직이 시간끌기를 하고 있는지 아닌지를. 경쟁사보다 먼저 시작한 기획의 실행이 늦다거나 협력사로부터 우리와 일하는 것이 답답하다는 이야기를 듣기 때문이다.

시간끌기를 잡아내기 어려운 이유

시간끌기를 잡아내기란 쉽지 않다. 겉으로 뭔가 열심히 하고 있기 때문이다. 하지만 또 하나의 이유가 있다. 시간끌기의 폐해는 간접적이고 장기간에 걸쳐 나타나기 때문이다.

어떤 의사결정이 실패로 이어졌을 때, 조직은 직접적이고 즉각적인 손실을 본다. 구성원에게 실패에 대한 책임을 물을 수도 있다. 그렇다면 성공할 수 있었던 투자를 하지 않은 조직의 피해는 어떠한가. 경쟁사의 성공을 지켜보는 것은 가슴 아픈 일이지만, 직접적인 실패로 느끼기는 쉽지 않다. 잘못된 결정에 책임을 묻기는 쉽지만, 실행하지 않은 것에 책임을 묻기란 어렵다.

습관적으로 시간을 끄는 조직은 서서히 쇠퇴한다. 눈에 띄는 실패가 없고 무난해 보이지만 시도를 하지 않으니 성공하는 것도 없다. 시장 진출 시기를 놓치면서 조금씩 규모가 줄어들고 쪼그라든다. 하지만 그 속도가 느려 알아채기 어렵다.

어떤 조직이 시간끌기에 빠지는가

먼저 보상은 작고, 처벌이 큰 조직이다. 보상이 크지 않다면, 또한 작은 실패로 경력을 망칠 수 있다면 굳이 위험을 부담할 필요가 없다. 실행을 미루는 조직은 평가와 보상 시스템이 위험을 피하는 방향으로 설계되어 있다. 이런 조직에는 인재들이 사라지고, 아무런 시도를 하지 않는 직원들만 남게 된다.

그리고 의사결정의 권한이 상부에 집중된 조직이다. 책임과 권한이 명확하게 주어지는 일을 미루기는 어렵다. 하지만 상사의 승인을 받아야 하는 일이라면 이야기는 다르다. 검토 결과를 상사와 논의하는 과정 자체가 미루는 수단이 된다. 게다가 실무적인 내용을 잘 알지 못하는 상사에게 내용을 설명하고, 다음 일정을 잡으면서 실행을 미룰 수 있다.

:: 가짜 일3. 낭비하기 ::

2001년 요란스럽게도 파산한 회사 엔론. 이 회사는 기록적인 파산 금액과 파산 후 경영자들이 분식회계의 책임을 지고 20년이 넘는 형량을 받은 것으로도 유명하다.

하지만 많은 사람이 외면하고 있는 사실이 하나 있다. 파산 직전까지 많은 경영 전문가들이 엔론을 입에 침이 마르도록 칭찬하며 성공 사례로 꼽았다는 것이다. 미국 경제전문지 〈포춘〉은 장장 6년 연속으로 엔론을 가장 혁신적인 회사 리스트에 올리기도 했다. 엔론이 쓰러지면서 망신당한 경영 전문가들을 마냥 비웃기는 어렵다. 파산 직전까지 엔론의 씀씀이는 엄청났기 때문이다.

엔론의 마지막 모습은 '흥청망청'이라는 네 글자로 요약할 수 있다. 파산 후 총 11건의 범죄혐의로 기소되어 최종 판결이 나기 전에 사망한 케네스 레이Kenneth Lay 회장은 사무실에서 은쟁반 위에 호화스럽게 차려진 점심 식사를 즐겼다. 게다가 그는 회사의 전용기를 사적으로 사용했다. 그 특권은 회사와 관계없는 가족에게도 예외는 아니었다. 회장 딸이 쓸 침대를 나르기 위해 회사 전용기가 사용됐다. 직원들을 회사 전용기를 '레이 가족의 택시'라고 불렀다. 그는 회사를 통해 거액의 개인대출을 받기도 했다.

회장뿐만이 아니었다. 전 직원이 회사의 돈을 물 쓰듯 썼다. 개인용 컴퓨터를 회사 돈으로 샀고, 지하에는 직원들이 무료로 이용할 수 있는 화려한 헬스클럽이 있었다. 직원들의 사적인 심부름을 해주는 컨시어지Concierge 서비스가 도입되기도 했다. 고객을 대접한다는 명목으로 말도 안 되는 엄청난 접대가 이뤄지고, 직원들은 현실성 없는 사업계획을 가지고도 최고급 호텔과 비행기 일등석만을 이용하며 출장을 즐겼다. 넬슨

만델라, 콜린 파월, 미하일 고르바초프 등 사업과 관계없는 유명인사에게 '엔론 공로상'을 수여하기 위해 돈이 쓰이기도 했다. 회사가 파산하던 해에도 1000만 달러 이상의 급여를 챙긴 임직원이 15명이나 있었다. 제아무리 경영 전문가라도 저토록 자신 있게 돈을 쓰는 기업이 성과가 없으리라고는 생각하기 어려웠을 것이다. 하지만 뒤집어 보면 저런 낭비를 하는 기업이 정상일 리가 없다.

회사의 자원을 합법적으로 사용하는 방법들

엔론의 사례에서 봤듯, 낭비하기란 회사의 자원을 개인의 이익을 위해 유용하는 것을 말한다. 다만 명백한 범죄인 횡령과는 다르다. 낭비하기에는 나름의 '합법성'이 있다. 예를 들어 의전, 행사, 대외활동, 구성원 복리후생 등 겉으로는 합법적인 모습을 하고 있다.

경제학에는 대리인 비용 Agency Cost이라는 개념이 있다. 소유와 경영이 분리된 상황에서 대리인, 즉 경영자가 소유자인 주주보다 더 많은 것을 알고 있다는 사실을 악용해 개인 이익을 추구하는 것을 의미한다. 쉽게 말하면 주인이 아닌 자가 관리하기 때문에 발생하는 비용이다. 낭비하기는 대리인 비용의 전형적 형태다.

한국에만 있는 특별한 낭비하기가 있다. 의전이다. 한국의 의전 집착증은 유별나다. "일에 실패한 것은 용서해도 의전 실패는 용서할 수 없다"는 말까지 있을 정도다. 우리는 아주 어린 시절부터 의전을 보고 자란다. 초등학교 시절, 장학사 방문을 이유로 대청소를 하는 것도 그 일환이다.

이런 관행을 지적하는 뉴스가 2018년에도 있었으니, 지금의 초등학생들도 의전 조기교육을 받고 있는 셈이다.[20]

의전으로 낭비되는 자원은 금전만이 아니다. 의전에는 시간이 들어간다. 고객과 관계없는 내부 행사를 위해 들어가는 수많은 시간도 회사의 자원이다. 일부에서는 의전을 윗사람에 대한 예의로 해석하기도 한다. 하지만 그렇게 보기는 어렵다. 일단 의전을 받는 사람은 체면과 권위 때문에 의전을 거부하지 않는 경우가 많으니 순수한 동기로 보기는 어렵다. 의전을 대접하는 사람 역시 회사의 자원을 이용해 윗사람에게 잘 보이려는 사심이 있는 경우가 많다. 과도한 의전은 예의가 아니라 자의식 과잉의 상사, 아부와 기회주의로 뭉친 부하 직원, 적절한 통제와 감시의 부재라는 3요소가 야합한 것이다.

때로는 조직의 전체 자원을 좌지우지할 수 있는 최고 리더가 자신을 과시하기 위해 낭비의 주체가 되기도 한다. 물론 부하 직원들의 아부성 부추김이 있었기에 가능한 일이다. 우리는 역사 속에서 비슷한 예를 많이 보았다. 조선 말기, 흥선대원군은 무너진 왕실 권위를 다시 세우기 위해 경복궁을 중건했다. 재원 마련을 위해 당백전當百錢을 발행함으로써 왕실 몰락에 가속도를 붙였다. 인도 무굴제국의 타지마할Taj Mahal은 그 웅장한 모습과 별개로 제국의 몰락을 가져왔다. 왕조시대의 이야기만은 아니다. 국제연맹League of Nations 역시 스위스 제네바에 멋진 본부 건물을 완공하던 바로 그해에 문을 닫았다.

낭비가 위험한 이유

낭비에 가속도가 붙는다. 미국 코넬 대학 경영대학원의 로버트 프랭크Robert H. Frank 교수는 사치를 전염병과 같다고 보았다.[21] 타인의 사치와 낭비를 보고 따라 하는 연쇄효과가 발생한다는 것이다.

내 것이라는 인식이 부족한 조직의 자원은 낭비에 특히 취약할 수 있다. 엔론의 사례에서 봤듯, 서로의 낭비를 보며 자신의 낭비를 정당화하고, 나아가 더 많이 낭비하기 위한 경쟁이 붙는 최악의 상황이 발생할 수도 있다. 이러한 상황이라면 그 조직의 남은 수명은 얼마 없다고 보는 것이 정확하다. 업무 수행에 필요하지 않은 체면치레 혹은 과시를 위한 비용이 늘고 있다면 일단 주의가 필요하다.

"귀족이나 대신들이 신분의 등급을 넘는 옷차림을 한다거나 지나친 사치를 하는데도 군주가 제재할 수 없다면 탐욕스러운 마음은 끝이 없을 것이다. 탐욕스러운 마음에 끝이 없으면 그 나라는 망할 것이다."

중국 춘추전국시대의 사상가였던 한비자韓非子가 나라가 망할 징조로 지적한 내용이다.[22] 시대가 바뀌었지만 한비자가 이야기한 내용은 엔론의 사례에도 적용할 수 있다. 그들은 탐욕스러웠고 한비자의 말과 같이 망했다.

낭비가 싹트기 쉬운 조직

한국의 경우, 많은 낭비가 의전이라는 이름으로 발생한다. 상사의 체면을 위한 낭비가 크다. 특히 수직적인 조직일수록 문제가 더욱 심각하다.

직급에 따른 차이를 낭비를 통해 드러내고 싶어 하기 때문이다. 이런 조직의 상사들은 부하 직원이 자신을 위해 자원을 쓰는 것이 당연하다고 생각한다.

주인의식이 없어도 낭비하기 쉽다. 조직이 너무 커 '나 혼자쯤이야' 하는 생각이 드는 경우, 조직이 구성원을 용병처럼 대하는 경우다. 자기 돈이라는 생각이 들지 않을 때, 이 조직에 오래 있을 것 같지 않을 때 낭비는 더욱 심해진다.

:: 가짜 일4. 다리걸기 ::

제2차 세계대전 당시 일본군은 미국을 비롯한 연합군과 전쟁을 벌이고 있었다. 하지만 또 하나의 어처구니없는 내부 전쟁으로 힘을 빼고 있었다. 바로 육군과 해군 사이의 내부총질이었다. 육군과 해군 간의 뿌리 깊은 반목과 갈등은 심각한 수준을 넘어 일본 패망의 중요한 원인 중 하나로 꼽힌다.

몇 가지 예를 보자. 당시 일본 육군은 해군의 암호가 연합군에 노출되었다는 정보를 가지고 있었다. 그러나 그 사실을 해군에 알리지 않았고, 결국 해군은 정보가 새는 것도 모르고 작전을 수행하다가 큰 피해를 보았다. 육군과 해군이 서로 잘못된 정보를 흘려 작전을 방해하기도 했으며, 스파이를 심기도 했다.

일본 육해군의 대립은 막대한 낭비의 원인이 되었다. 육군과 해군은 각자 장비를 개발해 조달했기 때문에 상호 호환되지 않았을 뿐만 아니라 비용면에서도 매우 비효율적이었다. 이러한 비효율은 육군이 자체적으로 항공모함과 잠수함을 개발하는 지경에까지 이르렀다. 전쟁이 막바지로 치닫던 1945년 2월, 태평양 마셜 제도에 고립된 일본의 육군과 해군은 식량을 놓고 상호 총격을 주고받기까지 했다. 내부총질이 비유가 아닌 실제 상황이 됐으니 이쯤 되면 더 빨리 패망하지 않은 것이 이상하다.

동료를 짓밟는 다리걸기

흔히 경영을 전쟁에 비유한다. 그렇다면 치열한 경쟁이 벌어지는 일터 역시 전쟁터일 수 있다. 하지만 전투 대상은 조직 외부에 있어야 한다. 그러나 우리는 때때로 동료를 향해 총을 든다. 바로 다리걸기다.

더 높은 성과를 내기 위해 선의의 경쟁은 필요하다. 하지만 내부 경쟁은 열심히 일하기 위한 수단이지 목표가 아니다. 스탠퍼드 대학의 제프리 페퍼Jeffrey Pfeffer 교수와 로버트 서튼Robert I. Sutton 교수는 제로섬 형태의 내부 경쟁에 대해 "모두를 패자로 만들 뿐만 아니라, 조직 전체를 실패로 이끈다"고 했다. 나의 승리가 전부라는 생각에 조직 목표가 무시되고, 협조와 의사소통은 사라진다.

조직은 개인의 단순한 합이 아니다. 조직은 협업을 통해 개인의 성과보다 더 큰 성과를 만들어낸다. 구성원들이 서로 협력하지 않고 방해하는 데 몰두한다면 조직의 존재 의미는 사라진다. 운동회를 떠올려보자.

조직은 이인삼각과 같은 체제로 움직인다. 서로 다리를 거는 이인삼각, 당연히 한 발 한 발 내딛는 것조차 힘들다.

다리걸기 진단법

다리걸기에 빠진 조직의 구성원들은 경쟁사보다 동료에 대해 적개심을 가진다. 동료가 손해를 봤을 때 속으로 기뻐하기도 한다. 동료가 손해를 보는 것만큼 나에게 이득이 된다는 비뚤어진 사고에서 비롯된 행동이다.

다리걸기가 만연한 조직은 모든 것을 문서에 의존한다. 공식적인 문서 없이는 누구도 동료를 돕지 않기 때문이다. 동료를 견제하고 자신의 이익을 지키려는 논리가 가득 담긴 문서를 남발한다.

특정 소수가 그룹을 만들어 소통과 협업을 꺼리는 '패거리 문화'가 생겼다면 다리걸기를 의심해야 한다. 다리걸기가 개인을 넘어 부서 혹은 사업 단위에서도 발생하는 경우가 많기 때문이다. 패거리에는 여러 형태가 있다. 학연이나 지연 혹은 같은 일을 하는 사람들 사이의 비공식적인 커뮤니티를 만들기도 한다.

앞에서 살펴본 엔론의 사례는 다리걸기의 교과서와도 같다. 동료와의 평가에서 뒤처진 직원을 쫓아내는 것으로 유명했던 엔론은 어느 회사보다도 내부 경쟁이 치열했다. 내부 경쟁이 도를 넘어서면서 조직 내의 협조가 사라졌다. 동료가 자신의 모니터를 훔쳐보는 것이 두려워 화장실에 가지 못하는 경우도 생겼다. 서로 깎아내리는 것은 물론, 동료의 실패를 바라기까지 했다. 엔론이 야심 차게 추진했던 광대역 사업이 거대한 실패로 끝나자 다른 부서 구성원들은 승리의 V자를 그리며 기뻐했다는 증언이 있을 정도다. 여러 사업부에서 같은 사항을 놓고 각자 컨설팅을 받는 등 불필요한 경쟁과 낭비는 엔론에서 흔한 일이었다.

다리걸기에 몰두하는 이유

사람은 사회화를 통해 이기심을 적정한 수준으로 억제하고 양보하는 법을 배운다. 대부분의 조직이 구성원의 이기적인 행동을 통제하고 협업을 위한 다양한 장치를 운영하고 있다. 하지만 어떤 상황에서 구성원들은 자신의 이익만을 위해 동료의 다리를 걸기도 한다.

무엇보다 조직이 구성원에게 당근보다 채찍을 더 많이 준다면 다리걸기의 부작용이 나타날 가능성은 크다. 약간의 차이로 평가에서 미끄러지거나, 심지어 퇴출당할 수 있는 상황에서 스스로 보호하기 위해 동료를 방해하려는 유혹에 빠질 수 있다.

조직의 내부 경쟁에 대한 연구에 따르면 승리의 대가가 승진이나 인센티브인 경우 구성원의 창의성을 자극한다고 한다. 그러나 승리했을 때의 보상이 적고, 패배를 통해 얻는 불이익이 크다면 구성원의 불안감만 높아진다. 이런 불안감은 비도덕적 행위나 부정직한 행위로 이어지기 쉽다고 한다.[23] 밀려나면 죽는 절박한 상황이라면 양보나 협업을 기대하기는 어렵다.

:: 가짜 일5. 끌고가기 ::

마지막 가짜 일의 형태는 끌고가기다. 혼자 책임지지 않기 위해 물귀신처럼 많은 사람을 끌어들이는 것이다. 이는 동료의 시간을 훔치는 것과 다름없다. 대표적인 증상은 넘쳐나는 회의와 이메일이다. 참석 이유를 도통 알 수 없는 회의에 들어가거나 나의 일과 전혀 상관없는 참조 메일을 받아본 경험은 누구나 있을 것이다. 너무도 흔한 일이기에 그냥 넘어갈 수도 있다. 하지만 끌고가기는 일에 필요한 시간과 에너지를 헛된 곳에 쏟게 한다. 구성원들은 이 때문에 일을 방해받는다는 생각을 하게 된다. 회의 참석자 명단, 이메일 전송자 명단에 이름 하나 넣는 일이 어떤 사람에게는 큰 피해를 줄 수도 있다.

영국 BBC에 따르면 일반적으로 직원은 일주일에 6시간, 관리자는 주 23시간을 회의에 소비한다고 한다.[24] 회의에 참석하기 위한 시간과 복귀하는 시간까지 고려하면 결코 적은 시간이 아니다. 중요한 것은 시간이 아니다. 과연 그 회의가 정말 필요한 회의였고, 성과를 거두었느냐다. 비효율적인 회의는 우리 주위에 너무도 많다. 이메일도 마찬가지다. 매킨지의 연구 결과에 따르면, 사무직 근로자들은 이메일을 읽고 답하는 것에 평균적으로 전체 업무 시간의 28%를 쓰고 있다고 한다.[25] 쏟아지는 회의와 이메일 속에서 살아남는 방법도 많다. 자료 양식과 페이지를 제한하는 것은 기본이다. 회의실에 시간을 알려주는 벨이나 타이머를 설치하기도 한다. 앉아서 오래 회의할 수 없도록 의자를 치우기도 한다. 이메

일을 줄이기 위해 참조로 보낼 수 있는 사람의 수를 3명으로 제한한 회사도 있다. 그러나 애초에 필요한 회의나 이메일이 아니었다면 앞서 언급한 방법들은 의미 없다.

협업이라 쓰고 책임회피라 읽는다

문제는 끌고가기가 협업이나 정보공유라는 그럴듯한 가면을 쓰고 있다는 사실이다. 회의 참석을 요청하고 이메일을 보낸 이유가 진정한 협조와 정보공유라면 문제가 아니다. 끌고가기의 실제 목표는 공유가 아닌 책임의 회피와 분산이다. 즉, 실제로 의견을 듣기 위해서가 아니라 책임을 상대에게 떠넘기기 위해서다. 나중에 일이 잘못되어도 이메일이나 회의가 의견을 취합하기 위해 노력했다는 일종의 알리바이가 되는 셈이다.

20세기 초 프랑스의 농업공학자 막스 링겔만Max Ringelmann은 재미있는 실험 결과를 발표했다. 밧줄로 물건을 들어 올리는 실험에서 여러 사람이 참여할수록 한 명이 잡아당기는 힘이 줄어드는 결과가 나왔다. 남들이 하니 굳이 최선을 다할 필요가 없다는 사회적 태만Social Loafing 현상이 발생한 것이다. 협업에 참여하는 사람이 늘어날수록 개인의 노력은 줄어들었다. 이와 같은 현상은 일터에서도 일어난다. 여러 명이 회의에 참여할수록, 여러 사람에게 메일을 뿌릴수록, 알맹이는 사라지고 주의는 분산되며 책임은 모호해진다.

끌고가기가 뭐가 그렇게 큰 문제냐고?

불필요한 회의에 참석하거나 쓸데없는 이메일을 읽느라 공장이 멈춘다면 모두가 큰일이라고 생각할 것이다. 하지만 같은 이유로 지식노동의 집중력이 흩어지는 것은 별로 심각하다고 생각하지 않는다. 그러나 불필요한 회의와 이메일의 폐해는 생각보다 심각하다.

수시로 의사결정을 내리고 업무 방향을 지시해야 하는 리더가 회의로 자리를 비웠다고 가정해보자. 해당 부서의 구성원들은 리더의 결정만 있으면 바로 진행할 수 있는 일을 진행하지 못하고 대기해야 한다. 일과 시간을 낭비하는 것은 물론 야근을 해야 할 수도 있다.

사안과 관계없는 사람들이 많이 참석한 회의에서 좋은 의견이 나올 수 없다. 회의의 내용을 이해하지 못하는 사람들이 많기 때문에 수준 이하의 질문이나 해답이 나올 수도 있다.

회의가 끝난 후에도 문제는 이어진다. 사람은 한 가지 일을 마치고 다시 집중력을 회복하는 데 상당한 시간이 필요하다. 이를 '회의 후 회복 증후군Meeting Recovery Syndrome'이라 한다. 미국 유타 대학에서 직장 및 환경 건강 분야를 연구하고 있는 조셉 앨런Joseph A. Allen 교수에 따르면, 일반적으로 작업을 전환하는 데 10분 내외가 소요된다고 한다. 반면 회의를 마치고 다시 업무에 집중하는 데는 평균 45분의 시간이 필요하다고 이야기했다. 생산성 없는 회의는 일에 써야 할 시간을 이중으로 빼앗는다.

이메일도 마찬가지다. 많은 직장인이 매일 아침 쌓여 있는 이메일을 대충 확인하고 지워버리는 것으로 일과를 시작한다. 이러한 과정에서 꼭 알아야 하는 귀중한 정보가 묻히는 부작용이 발생할 수 있다.

끌고가기가 만연한 조직

끌고가기는 역할과 책임이 흐릿한 조직에서 많이 발생한다. 누가 무엇을 해야 하는지 분명히 정해져 있다면 누가 회의에 참석해야 하는지 혹은 누가 이 정보를 알아야 하는지도 명확하다. 하지만 역할과 책임이 불분명한 조직에서는 불특정 다수를 회의에 부르고 모두에게 정보를 뿌린다.

실패에 대해 과중한 책임을 묻는 조직에서도 발생하기 쉽다. 사전에 책임을 전가하기 위해 많은 노력을 하기 때문이다. 합의를 거쳤다거나 메일을 통해 다양한 의견을 들었다는 핑곗거리를 만들고자 많은 회의를 잡고 이메일을 보낸다.

권위적인 상사 밑에서도 끌고가기는 빈번하게 발생한다. 이런 상사들은 회의 시간에 부하 직원들을 빠짐없이 모은다. 자신의 말을 받아 적는 부하 직원들의 모습을 보며 권위를 확인한다. 회의는 대부분 원래의 주제와 관계없는 훈시로 흐르게 된다. 회의에 불참한 부하 직원은 나중에 혼나는 경우가 많고, 결국 상사의 면을 세워주기 위해 모든 회의에 부하 직원이 전부 참여하는 부작용을 낳는다.

가짜 일에는
절대 없는 2가지

모두가 부지런히 일하는데도 성과가 나지 않는다면, 우리의 일 속에 가
짜 일이 숨어 있을 가능성이 크다. 가짜 일은 암세포가 건강한 세포를 공
격하듯 성과를 내는 진짜 일을 밀어낼 수도 있다. 그러나 겉으로는 열심
히 일하는 것처럼 보이기 때문에 잡아내기 쉽지 않다. 그래서 우리에게
는 5가지의 가짜 일, 즉 '5기'를 꿰뚫어 보는 눈이 필요하다.

첫 번째 가짜 일은 자신을 드러내기 위해 가짜 성과를 내세워 눈속임하
는 '보여주기'다. 보여주기는 상사를 만족시켜 개인적 이익을 얻는 데 목
적이 있다. 보여주기가 만연한 조직에 되는 일은 없다. 말만 많을 뿐이다.
성과의 기준이 모호하고, 권위적인 조직이 보여주기에 특히 취약하다.

두 번째 가짜 일은 불확실성을 회피하기 위해 의사결정과 실행을 한없이
미루는 '시간끌기'다. 시간을 끌기 위해 검토라는 명목으로 끊임없이 지
금 결정하면 안 되는 이유를 찾는다. 시간끌기에 빠진 조직은 결국 경쟁

사에 기회를 빼앗기고 천천히 쇠락한다. 실패를 피하는 것에만 집착하고 모든 의사결정권이 조직 상부에 집중된 조직이 시간끌기에 빠지기 쉽다.

세 번째 가짜 일은 개인을 위해 조직의 자원을 쓰는 '낭비하기'다. 도를 지나친 의전이 낭비하기의 대표적인 모습이다. 낭비는 전염병처럼 번질 수 있다는 점에서 그 위험성이 크다. 수직적인 조직과 구성원들의 주인의식이 부족한 조직에서 낭비하기가 발생하기 쉽다.

네 번째 가짜 일은 경쟁사가 아닌 동료와의 경쟁을 위해 시간과 노력을 들이는 '다리걸기'다. 다리걸기가 퍼진 조직의 구성원들은 조직 외부에서 가치를 얻어오는 것보다 내부총질에 몰두한다. 내부 경쟁에서 밀리면 도태된다는 위기의식이 조직 전체에 만연해 있을 때 다리걸기는 쉽게 나타난다.

마지막 가짜 일은 책임을 분산하기 위해 관련 없는 사람을 최대한 많이 끌어들이는 '끌고가기'다. 사안과 관련 없는 사람을 회의에 부르거나 그들에게 메일을 뿌리는 것이 이에 해당한다. 이렇게 되면 중요하지 않은 일에 들어가는 시간이 많아지고, 업무 집중도는 낮아진다. 끌고가기는 역할과 책임이 불분명하고 실패에 대한 책임이 과중한 조직에서 흔히 발생한다.

가짜 돈을 식별하는 요령이 있다. 빛에 비춰봤을 때 홀로그램이 없거나 입체형 은선이 없다면 가짜 돈이다. 다양한 모습으로 우리 조직에 기생하는 가짜 일도 잡아내는 요령이 있다. 지금 내가 하는 일이 고객과 조직을 위한 일인지 끊임없이 물어보는 것이다.

7장
가짜 일의 유혹에
넘어가는 이유

1910년 2월 어느 날, 영국 해군의 최강 전함 드레드노트Dreadnought의 갑판은 분주했다. 귀빈이라고 할 수 있는 에티오피아 왕족이 함선을 친선 방문한다는 연락을 받았기 때문이다.

영국 해군은 예의를 다하기 위해 특별 열차를 편성해 왕족들을 정박지인 웨이머스항까지 안내했고, 검은 피부에 터번을 두른 에티오피아 왕족들은 영국 해군의 깍듯한 대접에 만족스러운 표정을 지었다. 모든 진행이 순조롭기만 했던 것은 아니다. 에티오피아 국가를 몰랐던 영국 해군은 환영식에서 이웃 국가인 잔지바르의 국가를 연주했다. 하지만 공식적인 자리에서 실수를 지적할 만큼 왕족들이 무례하지 않기 때문에 조용히 넘어갈 수 있었다.

드레드노트의 구석구석을 안내받은 왕족들은 군함의 엄청난 위용에 감동한 눈치였다. 그들은 놀라운 광경을 볼 때마다 "붕가! 붕가!Bunga! Bunga!"라는 에티오피아 고유의 감탄사를 외치며 찬사를 아끼지 않았고, 훈훈한 분위기에서 모든 행사가 끝났다.

사실 이 행사에는 큰 문제가 하나 있었다. 바로 에티오피아 왕족들이 가짜였다는 점이다. 호라스 드 베르 콜Horace de Vere Cole이라는 사람이 친구들과 함께 저지른 장난이었다. 왕족으로 변장한 사람들은 유명한 소설가인 버지니아 울프Virginia Woolf, 화가 던컨 그랜트Duncan Grant, 크리켓 선수 출신인 안소니 벅스턴Anthony Buxton이었다. 이들은 최대한 진짜처럼 보이기 위해 분장사를 동원해 피부를 검게 위장했고, 각자의 언어를 준비하기도 했다. "붕가! 붕가!" 역시 그 와중에 나온 말이었다. 제대로 웃음거리가 된 영국 해군은 이들을 고발하려 했으나, 오히려 사건이 세상에 더 알려질까 두려워 사건을 묻기로 하고 드레드노트를 바다로 출항시킨다.

하지만 사람들은 이 사건을 쉽게 잊지 않았다. 이후 제1차 세계대전 중 드레드노트가 독일군의 잠수함을 격침해 축하 전보를 받았다. 그중 하나에는 "붕가! 붕가!"라고 쓰여 있었다.

영국 해군이 가짜 왕족에 속았던 것과 마찬가지로 우리도 때때로 가짜 일을 진짜처럼 여긴다. 교묘하게 위장한 가짜 일에 많은 사람이 속기 때문이다.

앞에서 살펴본 가짜 일들이 버젓이 행해지고 있는 것은 우연이 아니다. 많은 조직이 가짜 일을 진짜 일로 여긴다. 그런 조직에서는 싫어도 가짜 일을 선택할 수밖에 없다. 때로는 가짜 일이 진짜 일들을 압도한다. 가짜 일은 노하우나 출세 비법, 처세술로 둔갑하기도 한다. 가짜 일을 잘하는 사람이 윗자리를 차지하기도 한다. 이 정도면 가짜 일들이 조직에서 나름의 경쟁력을 가졌다고 볼 수 있다. 가짜 일의 현란함이 진짜 일을 가리고 있는 셈이다.

스티브 잡스는 "디자인과 설계는 물론 경영도 간결해야 한다"고 주장했다. 워런 버핏도 "경영대학원에서는 단순한 행동보다 어렵고 복잡한 행동을 더 높이 평가한다. 하지만 단순한 행동이 더 효과적이다"라고 말했다. 진정한 고수들은 눈속임에 속지 않고 본질을 파악한다. 하지만 평범한 사람들에겐 그렇게 쉬운 일이 아니다.

가짜 일의 뿌리를 뽑고 일의 본질을 찾기 위해서는 사람들이 어떤 이유로 가짜 일을 선택하는지 알아야 한다. 우리 조직 속에 숨어 있는 가짜 일들은 나름의 매력과 경쟁력이 있다. 그렇기에 많은 사람이 가짜 일을 선택하는 것이다.

:: 나를 돋보이게 하는 가짜 일 ::

치열한 경쟁 속에서 남들보다 앞서기 위해서는 무언가 다른 것이 필요하다. 성과를 보여주는 것이 가장 확실하고 좋은 방법이다. 그러나 이는 어렵고 힘든 길이다. 운도 따라야 한다. 이럴 때 가짜 일은 좋은 선택지가 된다. 나를 멋지게 치장해주는 좋은 수단으로 활용할 수 있기 때문이다.

가짜 일은 성실하다

가짜 일은 언제나 부지런하다. 별로 영양가 없는 보고서를 밤을 새워가며 만들어 발표한다. 특별한 내용은 없었지만 멋지게 포장해 눈속임에 성공했다. 정성을 다해 상사를 위한 의전을 준비한다. 의전 준비로 바빠서 고객을 위한 일은 잠시 미룬다. 가지 않아도 되는 회의에 참석해 아주 사소한 오류를 지적했고, 상사는 내 날카로움을 칭찬하면서 실수를 저지른 동료를 비난했다. 바쁘지만 보람찬 하루가 아닐 수 없다. 뭔가 석연치 않은 점이 있긴 하지만 부지런히 일하는 직원에게 누가 뭐라고 할 수 있겠는가.

우리는 근면한 사람에게 관대하다. 어찌 보면 당연하다. 우리는 부지런해야 한다는 가르침 속에서 자랐다. 게으름과 농땡이는 악덕이었고 근면은 선이었다.

근면을 오래된 가치라고 생각하지만 그렇지 않다. 오히려 근면과 성실은 점점 핫한 키워드가 되고 있다. 많은 국가의 평균 노동시간이 늘고 있다. 미국에서는 오전 9시에서 오후 5시까지의 정규 노동시간을 의미하는 '9 to 5'보다 '24시간 7일 내내'를 의미하는 '24/7'이 널리 쓰인다. 많은 부작용이 실증 연구를 통해 밝혀지고 있음에도 '일 중독자workaholic'라는 단어는 질병보다 자랑이나 칭찬으로 받아들여진다.

특히 우리나라는 근면함의 가치를 높이 산다. 원래부터 긴 노동시간으로 유명했던 우리다. 옛날 시조를 봐도 그 깊은 뿌리를 알 수 있다. 소치는 아이는 재(고개) 너머 사래 긴 밭을 갈기 위해 노고지리(종달새) 우는 동녘이 트는 무렵에 이미 일어나 있어야 한다. 늦잠을 잤다가는 주인에게 한 소리 단단히 들어야 한다. 어린아이에게 일을 시키기 위해 일찍 일어나라 닦달할 정도였으니 선조들에게 있어 근면함은 꽤나 더 중요한 가치였나보다.

기업의 인사담당자들은 지원자를 평가할 때 핵심 기준으로 여전히 근면함과 성실함을 꼽는다. 창의적인 아이디어를 내놓아도 게으름을 피운다면 조직에서 버티기 쉽지 않다. 특히 근면이 몸에 밴 기성세대는 근면을 더 높이 평가한다. 톡톡 튀는 아이디어보다는 '노력'이 중요하고, 노력으로 안 되면 '노오력', 그래도 모자라면 '노오오력' 하길 바란다. 특히 하급자의 근면을 평가하는 것은 어쩌면 동물의 본능인지도 모른다. 동물도 서열이 낮은 개체일수록 서열이 높은 개체 앞에서 더욱 많은 에너지를 쏟는다. 서열이 낮은 개체가 뭔가 열심히 하지 않고 게으름을 피우면 공격당할 수 있다. 존댓말도 마찬가지다. 아랫사람이 윗사람에게 하는 말일수록 많은 수식어가 붙는다.

근면은 나쁜 것이 아니다. 하지만 어떤 일을 열심히 하고 있는지 살펴봐야 한다. 자신의 이익만을 위해 부지런히 일하는 사람도 좋게 보일 수 있기 때문이다. 근면은 좋다. 단, 옳은 목표를 지향하고 있어야 한다. 일 중독자의 성과를 다룬 여러 연구가 이를 증명한다. 일 중독자는 남들과 어울려 일하기나 협력을 싫어하고, 타인을 과도하게 통제하려 든다. 동료에게 스트레스와 피로를 주기 때문에 조직의 성과를 갉아먹는다.[26] 근면만으로 모든 것을 평가해서는 곤란하다.

하지만 이미 근면의 신화에 물들어 있는 우리에겐 쉬운 일이 아니다. 영국 케임브리지 대학의 실험에 따르면, 어릴 때부터 수직선을 볼 기회를 주지 않고 키운 고양이들은 다 자란 후에 수직선을 보여줘도 그것을 인식할 수 없다고 한다. 수직으로 서 있는 기둥이나 탁자 다리를 보지 못하고 계속 부딪친다. 많은 사람이 고양이들처럼 근면 속에 숨어 있을지 모르는 문제를 보지 못한다. 이런 상황에서는 가짜 일의 근면함으로 자신을 치장하려는 유혹에 빠지기 쉽다.

가짜 일은 묻지도 따지지도 않는다

시키지 않아도 척척 일을 찾아서 해내는 인재는 미덥다. 반면 무슨 일을 해야 하는지, 어떻게 해야 하는지 말해주기 전에는 꿈쩍도 안 하는 부하 직원을 보면 속 터진다. 많은 사람이 일의 본질을 찾기보다 가짜 일의 유혹에 빠져드는 이유가 여기에 있다.

가짜 일이 인재로 인정받는 데 도움 되기 때문이다. 가짜 일은 개인을 위한 것이고, 이미 정해져 있어 물어보거나 머리를 쓸 필요가 없다. 가짜 일은 우리를 시키지 않아도 척척 해내는 인재로 만들어준다.

한국 기업은 가짜 일에 속기 쉬운 나름의 취약성을 가지고 있다. 그 약점은 다름 아닌 사람에 치중된 인사다. 서구 기업들은 개인의 일과 기대하는 성과를 확실하게 밝히고 그것을 기준으로 사람을 배치해 평가한다. 일 중심, 직무 중심의 인사다.

반면, 한국 기업들은 일에 앞서 사람의 특성을 본다. 개인의 태도, 근무 기간, 경험, 충성심, 인성 등과 같은 요소를 먼저 보는 것이다. 성과와 전문성을 논하기 전에 먼저 사람이 되어야 한다는 전인적 관점에서 유능함을 판단한다. 물론 한국 기업들도 IMF 외환위기 이후 일 중심의 인사를 도입하기 위해 노력했다. 하지만 직무 중심 인사의 핵심인 직무급을 도입한 기업은 18.5%에 불과하다.[27]

사람 중심 인사는 상대적으로 일의 내용과 기대하는 성과가 명확하지 않기 때문에 가짜 일이 끼어들 틈이 많다. 특히 평가자, 즉 리더들은 대부분 과거의 관행 속에서 경험을 쌓으며 살아왔다. 내가 해야 할 일을 명확히 정해달라 요구하고, 그 외에는 하지 않겠다고 말하는 부하 직원을 보면 일단 못마땅하다. 뭘 하는지 모르겠지만 가짜 일도 열심히 하는 직원을 뛰어난 인재라고 생각한다.

가짜 일은 충성스럽다

매국노 이완용. 당시 모든 사람은 물론 후세까지 미워하는 이름이다. 그렇다면 당시의 군주였던 고종과 순종도 우리만큼 그를 미워했을까? 우리의 생각과 달리 조선 왕실은 이완용을 매국노로 생각하지 않았다. 오히려 그를 우대하고 사랑했다. 이완용이 고종과 순종에게는 충성을 다했기 때문이다. 그는 나라를 팔아먹는 와중에도 왕실의 재산을 지키는 데 힘을 쏟았으며, 나라가 없어진 이후에도 고종과 순종이 귀족으로 보호받을 수 있도록 최선을 다했다. 물론 틈틈이 사욕을 채우며 엄청난 부호로 거듭 났지만, 어쨌든 나라가 아닌 왕실에 충성을 바친 것만은 분명하다.

증거가 있다. 1909년 12월, 매국노를 처단하고자 했던 청년의 칼에 이완용은 깊은 상처를 입었다. 그의 목숨이 경각에 달렸을 때, 조선 왕실은 진심으로 깊은 우려를 표했다. 왕실은 어의 2명을 긴급 파견했고, 순종은 병원에 직접 전화를 걸어 그의 병세를 물어보며 걱정했다. 그가 퇴원하는 날까지 하루도 빠짐없이 시종들을 보내 이완용의 건강 상태를 점검했다. 순종과 고종은 돈을 모아 위로금을 보내기까지 했다.[28] 이 정도면 순종과 고종의 진심을 의심하기는 어렵다. 당시 조선 백성의 대부분이 이완용이 그 자리에서 죽지 않은 것에 분통을 터뜨렸지만, 조선 왕실만은 그러지 않았다. 그는 나라의 역적이지만, 개인에겐 충신이었기 때문이다.

가짜 일은 충성스럽다. 다만 그 방향이 조직을 향해 있지 않다. 겉으로 봤을 때만 충성일 뿐 사실은 이기심일 따름이다. 상사가 좋아할 화려하고 이해하기 쉬운 보고서를 화면에 커다랗게 띄워 놓고 보고한다. 상사 입맛에 맞지 않는 일은 철저히 감춘다. 동료와 벌이는 치열한 경쟁 역시 상사의 눈에는 일종의 충성 경쟁으로 보이니 흐뭇하다. 상사의 체면을 세워 어깨를 으쓱하게 만드는 의전은 말할 필요도 없다.

누구도 진짜 일이 아니라 지적하지 않는다. 상사의 기쁨에 반하는 행동은 곧 충성심 부족을 드러내는 일이기 때문이다. 우리의 조직문화는 충성을 가장한 가짜 일에 약하다. 군사부일체君師父一體라는 말에 그 비밀이 숨어 있다. 우리는 나라, 학교, 가정보다 임금, 스승, 아버지에게 충성해야 한다고 배웠다. 개인에 대한 충성과 조직에 대한 충성을 혼동하는 것이 어찌 보면 당연하다.

예전에 한 임원이 한 말을 들은 적이 있다. 그 임원은 부하들에게 윗사람을 '모시지' 말고, '뫼셔야' 한다고 했다. 모시는 것과 뫼시는 것이 과연 무슨 차이인지는 모르겠다. 다만 '뫼시는'이라는 단어에서 절절함이 더 느껴진다. 상사를 부를 때 직위나 직책이 아닌 어른들 혹은 윗분들이라고 칭하는 모습도 드물지 않다. 이렇게 '뫼시는' 문화 속에서 자연스레 '심기경호'라는 말도 생겨났다. 반드시 알아야 할 사항도 윗사람의 기분을 나쁘게 만들 수 있다면 감추거나 혹은 내용을 그럴듯하게 바꾸는 것이다.

한국의 경우 사람에 대한 충성과 조직에 대한 충성이 구분되지 않는다. 조직에 성과를 가져다주진 못하지만, 상사에게 이익을 주는 가짜 일이 인정받을 수 있는 이유이기도 하다.

:: 안락한 도피처를 제공하는 가짜 일 ::

모든 사람이 유능해 보이는 것을 원하지는 않는다. 자신의 성공만을 바라는 사람들이 보통 이기적이고, 이들이 남들보다 앞서나가기 위해 적극적으로 가짜 일을 만드는 것은 사실이다.

그러나 그들이 문제의 전부는 아니다. 평범하고 선량한 사람들도 가짜 일을 이용한다. 이들은 출세 같은 것을 바라지 않는다. 변화 속에서 그저 자기 자리를 보전하는 것도 벅차다. 그들은 경쟁과 변화를 피하기 위한 수단으로, 현재에 안주하는 수단으로, 그저 밀려나지 않기 위해 가짜 일에 의존한다.

가짜 일로 진검 승부를 피하다

1954년 1월, 마카오에 있는 야외 특설 링 주변에 8000명의 군중이 몰렸다. 링 주변에는 당시 보기 힘든 여러 대의 카메라가 앞으로 벌어질 결투를 찍기 위해 준비되어 있었다.

큰 관심에는 이유가 있었다. 전설과도 같은 중국 무술 고수들이 대중 앞에서 맞붙기로 한 것이다. 홍콩의 태극권 고수인 오공의(吳公儀, 당시 53세)와 대만의 백학권 고수인 진극부(陳克夫, 당시 30세)가 그 주인공이었다. 무술의 실전성을 두고 논쟁하다 실제 싸우기로 한 것이었다.

엄청난 환호와 함께 5분 6라운드로 약속된 세기의 대결이 시작되었다. 치열하게 주먹을 주고받는 2명의 고수, 그러나 그 모습은 우리가 상상한 무림 고수의 결투와는 거리가 있었다. 장풍도 공중부양도 없었다. 그들은 진지하게 대결에 임했지만 그 모습은 상당히 어색했다. 상대를 보지 않고 주먹을 뻗거나 공격을 피하려 상대에게 등을 보이는 상상하기 어려운 동작이 나왔다. 경기가 격해지면서 하지 않기로 약속했던 발차기를 슬그머니 날리기도 했다. 나중에 오진비무吳陳比武라는 이름으로 남게 된 이 대결은 결국 무승부로 끝났다.

격투기를 화려함만으로 판단할 수는 없다. 고수의 주먹에 우리가 상상할 수 없는 내공이 담겨 있을지도 모르는 일이다. 하지만 이종 격투기에 익숙한 우리 눈에는 고수의 움직임이 더 어설프게 보였다. 실제로 많은 유머 사이트에서 중국 무술의 실전성을 조롱하는 자료로 경기 영상을 사용하기도 했다.

이 대결은 총과 같은 화기가 중국에 본격적으로 도입되면서 중국 무술이 전쟁 기술로서 지위를 잃은 지 100년이 지난 후에 벌어졌다. 이후 중국 무술은 실전보다 형식에 집착했기 때문에 우리의 기대와 다른 어색한 모습으로 세상에 등장하게 되었다는 해석이 있다. 그런 의미에서 본다면, 링에 올라 주먹을 주고받는 실전을 펼쳤다는 점만으로도 앞에서 언급한 고수들은 박수받아 마땅하다.

무예나 격투기만의 이야기가 아니다. 실전은 언제나 어렵고 험하다. 그래서 실전보다 쉽고 편한 가짜 일을 선택한다. 하지만 조직에서도 중요한 것은 실전이다. 조직의 생존과 발전은 대부분 그곳에서 결판나기 때문이다.

성과를 만들어내는 실행은 실전이다. 실행으로 이어지지 않는 검토를 위한 검토와 계획을 위한 계획은 실전이 아니다. 고객의 만족을 만들어내는 활동은 실전이다. 상사의 만족을 위한 행동은 실전이 아니다. 경쟁사를 이기기 위한 노력은 실전이지만, 동료와 경쟁하는 것은 실전이 아니다. 새로운 가치를 만드는 미래지향적인 노력이 실전이다. 그러나 과거의 관성에 따른 행동은 실전이 아니다. 요약하면 고객, 외부, 미래, 성과를 위한 것은 실전이고, 상사, 내부, 과거, 투입을 위한 것은 실전이 아니다.

이제까지 우리가 논의한 가짜 일들은 실전과 정반대에 있다. 많은 사람이 가짜 일을 선택하는 이유는 쉽고 안전하기 때문이다. 전쟁터나 링 위에서 목숨을 걸고 무기나 주먹을 휘두를 필요가 없다. 멀찌감치 떨어진 곳에서 열심히 일하는 모습만 보이면 된다.

가짜 일은 통제하기 쉽다. 많은 정보를 가지고 있기 때문이다. 불특정 다수 혹은 고객은 파악하기 어렵다. 시장과 경쟁사도 예측하기 어렵다. 그러나 가짜 일은 상대적으로 쉽다. 상사의 취향은 고객의 취향보다 훨씬 파악하기 쉽다. 경쟁사보다 동료와의 싸움이 더 쉽다. 시장의 흐름을 읽는 것보다 사내의 정치 흐름을 읽는 것이 훨씬 용이하다. 같은 노력을 들인다면 가짜 일이 성공할 가능성이 크다. 정보가 많고 불확실성은 낮기 때문이다. 이처럼 사람들은 실전의 고통과 위험을 피하고자 편하고 쉬운 가짜 일을 택한다.

크고 멍청한 회사

일제 강점기 시절, 우리 한국 영화사에 큰 획을 그은 영화계의 선구자이자 독립운동가였던 나운규가 1932년에 주연과 감독을 맡은 〈임자 없는 나룻배〉라는 영화가 있다. 작품 속 주인공 '수삼'은 농부였으나, 살기가 어려워 도시로 올라와 인력거를 끈다. 하지만 자동차의 등장으로 직장을 잃은 수삼은 딸과 함께 귀향해 뱃사공이 된다. 이후 강에 철교가 가설되면서 뱃사공이라는 직업마저 잃게 된다. 그는 결국 미치고 만다. 이미 그 시절에도 세상은 급격히 변하고 있었고, 많은 사람이 그 세태 속에서 직업을 잃었다.

이런 일은 지금도 반복되고 있다. 2018년 OECD는 현재의 직업 중 46%가 몇 년 내에 큰 폭의 변화를 겪거나 사라질 것으로 전망했다. 일자리 변화는 큰 혼란과 불안을 일으킨다. 1800년대 초, 산업혁명으로 방직기계가 도입되자 영국의 노동자들은 일자리를 잃었다. 그들은 기계를 파괴하는 러다이트 운동Luddite Movement을 일으켰다.

조선시대에 이앙법을 금지한 이유도 따로 있다. 직파법보다 훨씬 노동력이 적게 드는 이앙법이 본격화되면 많은 농민이 직업을 잃고, 빈부격차가 벌어져 사회 혼란이 생길 수 있다는 이유에서였다.

시대의 변화가 극심할수록 경영자의 어깨는 무거워진다. 바뀌는 환경에 맞춰 새로운 사업과 영역을 개발해야 하기 때문이다. 구성원들의 역량을 향상시키는 업스킬링Upskilling과 새로운 기술을 배우는 리스킬링Reskilling이 더욱 중요해진다. 그러나 조직이 이러한 역할을 제대로 하지 못하고, 개인 역시 자신의 역량을 개발하기 위한 방향성을 찾지 못한 경우에는 다른 해법을 찾는다. 가짜 일을 더욱 키우고 늘리는 것이다.

이제까지 살펴본 바와 같이 가짜 일은 진짜보다 더욱 진짜 같을 수 있다. 그리고 과거부터 해온 일은 조직에서 상당한 설득력이 있다. 뚜렷한 논리 없이 이제까지 해온 일을 없애는 것은 어렵다. 일을 만들기는 쉬워도 없애기는 어렵기 때문이다. 일자리가 없어질 위기에 몰린 사람들은 더 많은 보고와 더 꼼꼼한 의전, 더 많은 내부 경쟁을 만들어낸다. 조직에서 없으면 안 되는 사람으로 보이기 위해 많은 노력을 한다. 이렇게 일이 쌓여가는 것이다.

스탠퍼드 대학의 로버트 서튼 교수도 조직이 성장하고 나이를 먹어감에 따라 일을 방해하고 어렵게 만드는 계층, 부서, 절차와 과정이 늘어나는 경향이 있다고 지적했다. 군살이 붙은 조직은 점점 느려진다. 이런 기업을 일컬어 '크고 멍청한 회사Big Dumb Company'라 부르기도 한다. 그러나 변화를 두려워하는 사람들에게 군살은 아늑한 휴식처가 되어준다.

조직을 키워주는 고마운 가짜 일

1914년 영국 해군의 주력 함정은 62척이었고, 장병은 약 14만 6000명이었다. 14년이 지난 1928년에는 상당히 많은 병력이 줄어들었다. 주력 함정은 20척으로 1914년에 비해 67.8%가 줄었고, 장병도 10만 명 수준으로 32% 정도 감소했다. 그런데 주력 함정과 군인이 큰 폭으로 감소하는 동안 해군 본부의 관리자 수는 2000명에서 3600명으로 80% 가까이 늘었다. 전함과 군인이 줄어드는 가운데 관리자만 늘어나는 신기한 일이 발생했다. 이것은 영국의 경제학자, 특히 파킨슨의 법칙으로 유명한 노스코트 파킨슨이 그의 책에서 예로 든 내용이다. 그가 주장하는 핵심은 관리자가 서로를 위해 일과 일자리를 만들어낸다는 것이다.

우리는 가짜 일을 통해 존재의 이유를 증명할 수 있음을 살펴봤다. 가짜 일은 거기서 멈추지 않는다. 어떤 경우 가짜 일은 기회가 된다. 세력을 키워 조직에서 상대적으로 더 강한 입지를 다지는 도구가 되기도 한다.

사람은 계단식으로 늘어난다. 나의 일이 10% 늘었다고 해서 10%의 사람을 고용하기는 어렵다. 고용을 하려면 100%, 즉 1명을 고용해야 한다. 10% 정도까지는 사람을 늘리지 않고 버틸 수 있지만, 그것이 20%, 30%를 넘어가면 다르다. 결국은 참지 못하고 누군가를 고용하게 된다. 그렇다고 일이 줄어드는 것은 아니다. 일은 알아서 늘어난다. 새로운 사람에게 뭔가를 지시해야 하고, 그는 새로운 보고서를 만들어낸다. 그러다 보면 또 사람이 모자라고, 누군가를 고용해야 한다. 이것이 반복되면 어느새 나는 관리자가 되어 있다. 성과는 늘어나지 않았다. 늘어난 것은 절차와 조직의 크기뿐이다.

조직에는 이런 일들이 비일비재하게 일어난다. 사업의 규모가 변하지 않았음에도 사람은 조금씩 늘어난다. 사업이 번창해 고용이 늘었다면 축하할 일이다. 양질의 일자리를 만드는 것은 기업의 책무이기도 하다. 하지만 실제적인 성장 없이 내부의 일만 가지고 조직을 키우는 것은 속 빈 강정과도 같다. 이런 모든 사실을 알고 있음에도 많은 사람이 불필요한 회의와 보고, 의전 등을 이유로 조직을 키운다. 일단 바쁜 것은 사실이고, 조직이 커지고 사람이 많아질수록 안전하다고 믿기 때문이다.

:: 노키아가 가짜 일을 택한 이유 ::

지금까지 가짜 일의 유혹에 빠지는 이유에 대해 알아봤다. '나는 가짜 일에 속지 않아'라고 생각할 사람들이 많을 것 같다. 그러나 모자란 조직에서만 가짜 일이 번성하는 것은 아니다. 잘 나가는 조직, 탄탄한 관리와 성과를 자랑하는 조직도 삐끗하는 순간 가짜 일에 빠져들 수 있다. 우리가 늘 가짜 일을 경계해야 하는 이유다.

전 세계 휴대전화 업계를 호령하던 노키아Nokia는 2010년대에 접어들면서 갑작스럽게 힘을 잃기 시작했다. 많은 분석에서 아이폰의 등장을 몰락의 원인으로 꼽았지만 최근에는 전혀 다른 시각의 분석들도 나오고 있다. 노키아 내부 문화가 구성원들을 잘못된 일 속으로 몰아넣었다는 것이다. 그러한 관점에서 노키아의 사례를 살펴보자.

신화, 그 갑작스러운 붕괴

전통과 혁신이 조화를 이룬 노키아는 정말 특별한 회사였다. 적어도 2010년까지는 확실히 누구도 그것을 부정할 수 없었다. 1871년 제지업으로 시작한 장수기업이자 환경 변화에 따라 주력 사업을 고무, 통신장비 등으로 계속 바꿔온 변신의 귀재였다. 대개 오래된 기업은 과거의 성공체험에 사로잡혀 변화와 혁신이 쉽지 않은데 노키아는 예외였다. 그들은 100년이 훨씬 넘는 경험에 혁신까지 겸비한 그야말로 완벽에 가까운 회사였다.

여러 변신을 거치던 노키아는 휴대전화 보급이 본격화되던 1990년대에 값싸고 양질의 제품으로 시장을 석권하면서 그야말로 꽃을 피웠다. 1996년 65억 유로였던 매출은 5년 뒤 310억 유로에 달했다. 100년이 넘은 회사라는 것이 믿어지지 않는 성장세였다.

노키아는 모국인 핀란드의 위상까지 크게 높였다. 노키아가 핀란드를 먹여 살린다는 이야기가 나올 정도였다. 충분한 근거가 있는 이야기였다. 한때 노키아의 매출 규모는 핀란드의 국가 예산을 뛰어넘기도 했다.

노키아는 초창기 스마트폰 시장도 지배했다. 2007년 4분기를 기준으로 전 세계 휴대전화 시장의 40%를 점하고 있던 노키아는 스마트폰 시장에서도 50%가 넘는 점유율을 자랑했다. 명실상부한 휴대전화 시장의 지배자였다.

수많은 경영학자와 언론이 노키아를 칭찬했다. 그것은 칭찬을 뛰어넘는 찬양 혹은 숭배에 가까웠다. 지금도 노키아를 키워드로 인터넷에 검색해보면 2000년대 초반 각종 언론에서 쏟아낸 찬사와 그들의 성공 비결을 담은 책들을 찾을 수 있다.

정점에 서 있던 노키아는 애플의 아이폰이 치고 나오면서 흔들리기 시작했다. 기업의 성과가 언제나 좋을 순 없다. 일시적인 실적의 부침은 어느 기업이나 겪는 일이다. 그러나 노키아의 위기는 좀 달랐다. 노키아를 찬양하는 기사와 책의 잉크가 채 마르기도 전에 노키아는 급속도로 무너지기 시작했다. 2013년 9월, 노키아는 마이크로소프트에 모바일 사업부를 넘겼다. 화려했던 신화의 몰락치고는 너무나 빠르고 허무했다.

아이폰만이 문제는 아니었다

워낙에 충격적인 몰락이었던 만큼 그 해석도 분분했다. 하지만 그중 몇 가지 오해가 있다. 먼저 그것에 대해 알아보자.

노키아의 급격한 몰락 원인으로 꼽는 것이 바로 아이폰의 등장이다. 노키아가 아이폰을 전혀 몰랐기 때문에 대비하지 못했고 그래서 허를 찔린 노키아가 무너졌다는 것이다. 그러나 이것은 사실이 아니다. 당시 노키아는 경쟁사 동향에 대해 이미 알고 있었다. 아이폰이 등장하기 1년 전, 노키아는 애플이 어떤 스마트폰을 준비하고 있는지 정확히 파악하고 있었다.

다른 원인도 있다. 노키아가 새로운 시대에 적응할 기술력을 가지고 있지 못했다는 것이다. 하지만 사실과 다르다. 노키아는 휴대전화 기술의 선두주자였다. 2012년 1분기에만 지식재산권과 관련된 수익으로 5억 유로 규모의 수익을 올렸다.

일부에서는 노키아가 변화하는 고객의 요구를 제대로 파악하지 못했다고 말한다. 하지만 그렇게 보기도 어렵다. 노키아는 당시 휴대전화 시장의 트렌드를 주도하고 있었고, 다른 회사에 없는 고객의 니즈를 연구하는 조직을 따로 두고 있기도 했다. 고객에 대한 민감도 역시 다른 회사가 따르기 어려운 수준이었다.

종합해보자. 2010년대 들어서면서 휴대전화 시장에 거대한 변화가 닥쳤다. 하지만 당시 상황에서 그 변화에 적응할, 아니 그 변화를 주도할 만한 실력과 자원을 갖춘 회사를 하나만 꼽으라면 누구나 노키아를 꼽았을 것이다. 그러나 그들은 실패했다. 그렇다면 실패 원인을 자원이나 기술 부족에서 찾기는 어렵다. 최근에는 노키아의 몰락 원인을 내부 문화,

특히 일과 관련된 문화에서 찾으려는 움직임이 커지고 있다.

남다른 문화가 조직을 가짜 일로 몰아넣었다

노키아와 관련된 연구는 많았지만, 그중에서도 핀란드 알토Aalto 대학의 부오리T. Vuori 교수와 싱가포르 인시아드INSEAD 대학의 휴이Q. Huy 교수의 연구는 특히 주목할 만하다.[29]

76명의 노키아 전현직 직원과 컨설턴트 등을 심층적으로 인터뷰한 이 연구에 따르면, 노키아 몰락의 원인은 내부 문화에 의한 것으로 나타났다. 특히 조직 내에 전염병처럼 퍼진 공포는 구성원의 의사소통과 일을 왜곡시켰고 이는 노키아가 변화에 적응하지 못하고 실패하게 되는 원인이 되었다. 잘못된 조직문화가 성과를 창출하는 데 방해요소가 되었다는 것이다. 노키아를 실패로 이끈 몇 가지 조직문화에 대해 살펴보자.

먼저 노키아는 위계적이고 권위적인 문화, 특히 철저한 상명하복의 문화를 가지고 있었다. 의사결정 권한은 최고 경영진에게 집중되어 있었고, 특별한 논의 없이 이들의 의향에 따라 대부분의 사항이 결정되었다. 게다가 경영진은 중간 관리자들이 좁고 내부지향적인 시각을 갖는 것이 목표 달성에 도움 된다고 생각했다. 중간 관리자 이하는 외부에 관심 가질 필요 없이 주어진 일만 하면 된다는 것이었다. 노키아의 전 직원은 "노키아의 의사소통 방식이 마치 북한처럼 일방적이었다"고 이야기했다.

다음 특징으로는 공격적인 성향의 최고 경영층을 들 수 있다. 당시 CEO였던 요르마 올릴라Jorma Ollila는 노키아의 전성기를 이끈 인물로 유명하다. 그러나 한편에서는 그를 비롯한 많은 경영진이 '극도로 신경질적'이라는 평가를 받고 있었다. 특히 이들은 단기성과에 과민한 반응을 보였다. 이들과 함께 일했던 직원과 컨설턴트는 회의에서 경영진이 폐가 터질 정도로 크게 고함을 쳤다거나, 책상을 너무 세게 내려쳐 접시에 담긴 과일이 사방으로 튀었다는 등의 이야기를 했다. 이처럼 심할 정도로 공격적인 행동을 하는 최고 경영진 앞에서 구성원들은 하고 싶은 말이 있어도 하지 못했다.

또 하나의 특징은 중간 관리자들의 복지부동을 들 수 있다. 복지부동伏地不動은 마땅히 해야 할 일을 하지 않고 몸을 사리는 것을 뜻하는 말이다. 중간 관리자들은 현실에 안주하는 것만으로도 이미 충분히 행복했다. 당시 핀란드에서 아니, 세계 어디를 둘러봐도 노키아만큼 '잘나가는' 직장은 드물었다. 당시 중간 관리자들은 "노키아의 명함을 보여주면, 사람들의 시선이 달라졌다. 누구나 만날 수 있었다"고 말했다. 노키아의 중간 관리자들은 굳이 모험을 하거나 상사에게 바른말을 할 필요가 없었다.

마지막 특징은 거듭된 성공에서 비롯된 오만함과 낮은 위기의식이었다. 특히 외부 컨설턴트들이 이러한 문제점을 많이 지적했다. 당시의 노키아는 세상에서 가장 오만한 회사였다. 노키아가 세계 으뜸이고 모두가 노키아에서 배워야 한다고 생각했다. 어떤 충고나 조언도 무시했다. 그들은 자신만의 누에고치를 만들고 그 속에서 나오려 하지 않았다. 자부심을 넘어선 자만심은 세상과 시장의 변화를 눈으로 보고도 머리와 가슴으로는 느끼지 못하게 만들었다. 몰락이 시작되던 그때에도 노키아 직원들은 아이폰에 쏟아지는 언론의 찬사를 보면서 애플이 언론에 뇌물을 뿌린 것 같다는 이야기를 나눴다. 노키아의 조직문화는 크게 곪아가고 있었다. 종기는 아이폰의 등장과 실적 악화라는 계기를 맞아 결국 터졌고, 몰락으로 이어졌다.

노키아가 택한 가짜 일의 모습

노키아의 잘못된 조직문화는 구성원들의 일하는 모습을 어떻게 왜곡시켰을까? 노키아의 권위적인 문화는 구성원들로 하여금 고객이 아닌 상사를 위해 일하도록 만들었다. 구성원들은 시장의 변화보다 내 밥그릇을 쥐고 있는 상사의 기분이 불편하지 않도록 살폈다.

노키아의 구성원들은 상사에게 진실을 전하지 않았다. 그저 윗사람이 듣고 싶은 말을 전할 뿐이었다. 미래를 위한 변신보다는 눈앞에 질책을 피하려 단기적인 성과와 과거 유지에만 초점을 두었다.

유능해 보이기 위한 개인 간, 부서 간 경쟁도 심화되었다. 당시 노키아는 오래된 운영체계인 심비안Symbian과 새롭지만 완성도가 낮은 미고 MeeGo 사이에서 갈등하고 있었다. 양측의 협조와 적극적인 의사소통이 절실한 시기였음에도 각 운영체계를 담당하고 있던 부서들은 최고 경영진의 관심을 얻기 위한 정치와 경쟁에 과도한 에너지를 쏟았다. 이러한 혼란 속에서 자신을 드러내는 것에 몰두하는 직원들도 나타났다. 문제에 신중히 접근하지 않고, 어려운 용어를 쓰며 보여주기 위해 일하는 무책임한 직원들이 요직에 기용되었다.

개발이 늦다는 질책을 피하고자 모든 부서가 짧은 기간 안에 개발할 수 있다는 거짓말을 했다. 물론 불가능하다는 사실은 모두가 알고 있었다. 일단 눈앞의 날벼락을 피하는 것이 급선무였다. 자신의 부서가 아닌 다른 부서에서 뭔가 사고가 터지면, 어쩔 수 없이 전체 출시 계획이 연기될 테니 상관없다는 계산이 깔려 있었다. 일단 거짓말부터 하고 남이 뒤집어써주길 바라는 수건돌리기 게임이 시작되었다. 출시 계획은 하나둘씩 문제가 터지면서 끝없이 미뤄졌다.

구성원들은 현재에 안주하고 실행을 뒤로 미뤘다. 새롭게 펼쳐진 스마트폰 시장에서 주도권을 잡기 위해 모두가 달려나가고 있던 그때, 노키아는 뒤로 가기 시작했다. 당시 여러 기업에 부품과 시스템을 납품하고 있던 한 업체는 당시 노키아가 기회를 평가하는 데만 6개월에서 9개월을 소요하며 시간을 끌었다고 이야기했다. 시장을 따라가려는 노력보다 불확실성을 피하는 데 신경을 썼다는 것이다.

또한 내부 논리에 매몰되었다. 아이폰을 대상으로 노키아 내부 기준의 내구성 테스트를 진행했고, 아이폰이 그 기준을 통과하지 못했으니 시장에서 성공할 수 없다는 황당한 논리를 펴기도 했다. 이런 상황에도 경영진은 특권을 포기하지 않았다. 그들은 핀란드 사회의 명사로서 대접받길 원했다.

한때 모든 기업의 롤모델이었던 노키아는 가짜 일을 선택하면서 안타깝게 스러져갔다. 헬싱키 인근 에스포Espoo의 해변을 장식하던 아름답고 거대한 건물, 핀란드 산업의 상징과도 같았던 노키아 본사마저 매각되었다는 소식이 몰락의 뒤를 이었다.

가짜 일은
진짜 일보다 매력적이다

우리는 가짜 일에 속을 때도 있지만, 때로는 적극적으로 가짜 일을 선택한다. 가짜 일은 그럴듯할 뿐만 아니라 우리에게 도움이 되기 때문이다. 조직은 구성원들에게 성과를 내라고 하기에 앞서, 왜 그들이 가짜 일을 선택하는지 가짜 일의 매력은 무엇인지 알아야 한다.

가짜 일은 개인을 조직에서 돋보이는 존재로 만들어준다. 가짜 일은 언제나 부지런하고 성실하다. 농업적 근면을 중시하는 조직에서 가짜 일은 인정받기 쉽다. 가짜 일은 고객이 아닌 상사를 위한 일이다. 구성원들은 가짜 일을 통해 상사에게 충직한 사람으로 인정받을 수 있다.

가짜 일은 안식처와 방패가 되어준다. 상사와 조직 내부, 과거와 투입이라는 쉽고 편한 길을 택하는 가짜 일은 고객과 조직 외부, 미래와 성과라는 어려운 실전을 피하는 핑곗거리가 된다. 가짜 일은 일을 위한 일을 만든다. 변화에 따라 없어지거나 바뀌어야 할 일이 필요한 일처럼 보인다.

더 나아가 가짜 일에 기대어 조직을 키운다.

잘 나가던 노키아의 몰락 이유를 구성원들이 선택한 가짜 일에서 찾을 수 있다. 노키아는 권위적인 문화를 가지고 있었고, 경영진은 대단히 공격적이었다. 중간 관리자들은 현재에 만족하며 복지부동하는 경향이 있었다. 계속된 성공은 구성원들을 오만하게 만들었다. 구성원들은 외부보다 조직 내부에 집중했다. 노키아의 독특한 문화는 구성원들이 가짜 일을 하게끔 만들었다. 권위적인 문화 속에서 구성원은 고객이 아닌 상사에게 집중했고, 상사가 듣기 싫어하는 사실을 철저히 감췄다. 상사 앞에서 유능하게 보이기 위해 내부 경쟁은 치열해졌고, 일부 직원들은 혼란 속에서 자신을 드러내는 것에만 몰두했다. 세계를 호령하던 노키아조차 구성원이 가짜 일을 택하는 것을 막지 못했다.

좋은 재료와 조리법만을 사용한 건강식보다는 불량식품이 더 맛있게 느껴진다. 혀끝에 느껴지는 맛만을 추구하기 때문이다. 가짜 일의 경쟁력은 불량식품의 경쟁력과 같다. 달콤하지만 이처럼 해로운 유혹이 없다. 가짜 일을 솎아내기 위해서는 가짜 일의 겉에 발린 그 달콤한 껍질을 걷어낼 수 있어야 한다.

8장
가짜 일은 조직을 이렇게 망친다

"각오는 되었겠지?" 영화에 단골로 등장하는 클리셰다. 행동에는 대가가 따른다. 운동을 안 했으면 몸이 약해지고, 과한 음주와 흡연은 건강을 해친다. 우리는 인과율을 이해하기 때문에 스스로 잘못을 바로잡고 열심히 살고자 노력한다.

하지만 일에 대한 생각은 좀 다르다. 일의 본질이 무너지는 것에는 아무런 대가가 없다고 생각한다. 그래서 일의 본질이 무엇인지 탐구하고, 지금 하는 일이 과연 본질에 합당한지를 고민하는 데 시간을 쓰지 않는다. 그저 열심히 하면 된다는 정도로 생각하고 넘긴다.

위험한 생각이다. 본질에서 벗어난 일, 가짜 일은 단순히 생산성이 낮은 일이 아니다. 적극적으로 조직의 성과와 생산성을 갉아먹는다. 본질에서 벗어난 가짜 일은 독버섯과 같이 진짜 일의 자리를 뺏는다. '악화가 양화를 구축한다'는 그레셤의 법칙과 같이 가짜 일이 진짜 일을 쫓아내는 것이다. 가짜 일을 솎아내지 않은 조직에는 가짜 일만 남는다. 가짜 일을 하는 것은 소중한 논과 밭에 잡초를 심는 행위와 같다. 차라리 노는 편이 더 낫다.

:: 일의 본질에서 벗어난 조직 ::

특별한 위기가 닥치기 전, 일상적인 경영 환경에서의 가짜 일은 만성질환을 일으키는 나쁜 습관과 같다. 당장은 치명적이지 않다. 하지만 조직의 체력을 갉아먹고, 체질을 악화시킨다. 당장 별일 없다는 이유로 가짜 일을 무심히 넘기다가는 얼마 못 가 조직 전체가 약골이 된다.

메르스나 신종 코로나바이러스 등 새로운 질환이 등장했을 때를 떠올려보자. 건강한 사람은 바이러스에 감염되어도 면역력으로 버텨낸다. 하지만 만성질환을 앓는 사람에게는 사소한 바이러스도 치명적이다. 약골이 된 조직은 모든 위기에 취약해진다. 건강했다면 문제가 되지 않을 사소한 일들이 전부 위기가 되는 것이다. 일의 본질에서 벗어난 조직이 어떻게 약해지는지 살펴보자.

고객이 사라진다

기업에 '고객'보다 중요한 키워드는 없다. 어느 조직이나 고객을 강조한다. 밑도 끝도 없이 '감사합니다'로 대화를 시작하고, '사랑합니다, 고객님'으로 말문을 여는 회사들도 있다. 그만큼 고객은 절대적으로 중요한 존재다.

일의 본질에서 벗어나는 순간 조직은 부적을 하나 얻는다. 바로 고객 쫓는 부적이다. 가짜 일은 하나같이 조직 내부 혹은 자신의 이익 그리고 상사를 향해 있다. 고객을 위한 가짜 일은 없다. 가짜 일이 늘어나면 고객을 위한 자원이 줄어들 수밖에 없다.

단지 고객에게 신경을 덜 쓰는 것에서 끝나지 않는다. 가짜 일이 전부가 된 조직은 고객에게 써야 할 자원까지도 가짜 일을 위해 낭비한다. 고객에게 인색한 조직일수록 사무실이 화려하고, 고객이 참석하지 않는 내부 행사가 거창하다. 상사에게 올릴 보고서에 혹시 오류가 있을까 고급 인력들이 달라붙는다. 하지만 고객을 위한 자료나 고객이 정보를 얻는 홈페이지를 비정규직이나 저렴한 외주 업체에 맡긴다. 내가 속한 조직이 가짜 일에 물들었는지 궁금하다면, 상사에게 올릴 보고서와 고객이 보는 자료 중 어느 쪽에 더 많은 에너지가 들어가는지 점검해보자.

사람의 주의력과 집중력에는 한계가 있다. 상사의 말과 의견만이 중요한 조직은 고객의 목소리를 듣는 데 소홀해질 수밖에 없다. 누군가 고객의 목소리를 듣는 게 중요하다고 말해도 비용과 정확성, 방법론의 한계를 이유로 고객 만족도 조사를 꺼린다. 하지만 이는 어느 조직에나 있는 문제다. 어떤 조직은 극복하고자 노력하지만, 가짜 일에 물든 조직은 굳이 고객의 목소리를 들으려 노력하지 않는다. 일의 본질이 망가진 조직이라고 해서 대놓고 상사를 위해서 일하거나 고객을 무시하지 않는다. 모든 문서에서 고객의 중요성을 언급한다. 이는 역설적으로 고객을 위하지 못하고 있음을 뜻한다. 행동으로 못하니 말로 때우는 것이다.

"관료적 조직에서 직원들은 상사에게 얼굴을, 고객에게 엉덩이를 들이밀고 있다." GE의 전 회장 잭 웰치Jack Welch가 했던 말이다. 이 말이 모든 것을 말해준다. 고객을 위하는 조직은 고객이 최우선이다. 상사가 없는 조직은 있을 수 있어도 고객이 없는 조직은 존재할 수 없기 때문이다. 고객은 조용하지만 단호하다. 한번 떠난 고객은 절대 돌아오지 않는다.

진짜 인재가 사라진다

AI 시대, 컴퓨터가 바둑으로 사람을 이기고 사람의 일을 기계가 대체하는 시대가 왔다. 하지만 그렇다고 인재 확보를 포기하는 회사는 없다. 조직의 근간은 사람이다. 그중에서도 주도적으로 성과를 창출하는 인재는 가장 귀한 재산이다. 그런데 가짜 일은 인재를 조직에서 밀어낸다. 가짜 일은 조직을 망가트린다. 이러한 조직에서 인재가 일할 수 없는 4가지 이유가 있다.

첫째, 가짜 인재에게 진짜 인재가 밀려나는 일이 발생한다. 어떤 조직에서 가짜 일이 횡행하는 이유는 간단하다. 가짜 일을 하는 구성원이 좋은 평가를 받기 때문이다. 그런 조직에서는 성과와 관계없이 자신을 드러내는 데 탁월한 능력이 있거나 혹은 아부꾼, 사내 정치를 잘하는 사람이 인정받는다. 성과를 내는 인재는 손해를 본다. 그들은 성과가 아닌 다른 요소가 인정받는 것을 보고 조직을 떠나게 된다.

둘째, 일의 의미가 없다. 인간은 가치를 고민하고, 나의 기여를 고민한다. 치열한 고민과 성찰로 가치를 계속해서 높이려는 진정한 인재라면 더욱 그렇다. 가짜 일에는 의미도 보람도 없다는 것이 문제다. 열심히 일하고 있지만, 그것이 아무런 가치를 창출하지 못한다면? 심지어는 타인에게 방해가 된다면? 일자리를 찾기 어렵기 때문에 가치 없는 일이라도 구성원들이 묵묵히 일할 것이라 오해하지 말자. 어디서나 환영받는 인재는 일의 의미를 포기하지 않는다.

셋째, 인재에게 줄 것이 없다. 일의 본질에서 벗어난 조직은 속 빈 강정과 같다. 에너지가 조직 내부와 상사를 향하고 있다 보니 밖으로부터 벌어오는 것이 없다. 성과는 없고 조직의 금고는 점점 비어간다. 그렇게 되면 가장 먼저 성과급이 줄어든다. 그러고는 급여의 인상률이 경쟁사 밑으로 떨어진다. 복리후생 수준도 떨어지면서 구성원들은 점점 처우가 나빠진다고 느낀다. 당장 처우가 좋지 않아도 회사가 비전을 제시해준다면 버틸 수 있다. 하지만 가짜 일만 하는 조직에 그런 것이 있을 리가 없다. 인재들이 그 조직에 남아야 하는 이유가 없다.

넷째, 워라밸이 망가져 있다. 최근 2030의 상당수는 승진보다 워라밸을 더 중요하게 생각한다. 회사를 위해 자신과 가족의 삶을 희생할 수 없다는 태도다. 맞벌이 부부가 많아지고, 양성평등 문화가 확산되고 있다.

이런 시대적 흐름 속에서 구성원에게 장시간 노동을 요구하기는 어렵다. 구성원의 관계는 아무리 좋게 포장해도 결국은 계약으로 이뤄진다. 좋은 인재일수록 더 좋은 대우와 조건을 요구한다. 일과 생활의 균형, 즉 워라밸은 당연히 중요한 조건이다. 과도한 일, 그것도 가짜 일 때문에 워라밸을 제공할 수 없는 조직에서 인재는 일할 수 없다.

가짜 일은 진짜 인재를 쫓고 가짜 인재만을 남긴다. 회사의 성과는 더욱 나빠지고 그나마 남은 인재들마저도 조직을 떠난다.

현장이 망가진다

제2차 세계대전 당시 일본군의 지휘부는 사관학교, 육군대학에서 성적 우수상을 받은 엘리트를 중심으로 구성되었다. 그들은 똑똑할지는 몰라도 실전 경험이 부족했고, 현장에 대한 생각도 이론적이고 피상적이었다. 책상에서만 작전을 짜던 지도부는 전쟁이 막바지로 치닫자 결국 황당한 대안을 제시한다. 육탄돌격을 내세우고 보급과 병참을 완전히 무시했으며 모두 함께 죽자는 이른바 '옥쇄玉碎'를 강조했다. "전투를 결정짓는 것은 총검격돌이다. 정신력으로 무장하면 아무리 강한 적도 이길 수 있다"는 공허한 정신론을 펼친 것이다. 핵무기가 있는 미국을 총검술과 정신력으로 상대하라는 것이 엘리트들이 내놓은 해법이었다.

그러나 이들이 놀고 있었던 것은 아니었다. 이들은 뛰어난 인재로 보이기 위해 끊임없이 연합군을 비난하며 확실하게 전쟁해야 한다는 강경론을 주장했다. 불리한 전세와 결과를 감추느라 정신이 없었다. 육군과 해군 사이의 내부 경쟁에도 최선을 다했다. 지휘부가 가짜 일에 몰두하는 그 순간에도 최전선의 군인들은 엉터리 작전과 굶주림 속에 죽고 있었다.

일의 본질은 현장에 있다. 그곳에서 성과가 나오기 때문이다. 하지만 가짜 일은 현장과 멀리 떨어져 있다. 현장에서 멀리 떨어져 있을수록 딴짓하기 좋기 때문이다. 특히 현장에서 먼 조직의 최상층부는 가짜 일하기에 최적의 장소다. 가짜 일은 조직의 에너지와 자원, 인재를 조직의 상층부로 집중시킨다. 그 결과 조직의 말단은 약해지고 중심부만 커지는 기형적인 불균형이 발생한다.

이렇게 현장이 망가진 조직은 아무런 성과를 내지 못한다. 돈 세는 사람은 많지만, 돈 버는 사람이 없기 때문이다. 우글대는 중앙의 참모들은 각자 다른 목소리를 내며 현장을 쪼아댄다. 현장에서는 참모들의 요구에 대응하느라 바쁘다. 고객은 뒷전으로 밀리고 참모들의 요구는 점점 늘어간다. 물론 요구만 할 뿐 돌아오는 것은 없다. 실행이 사라지고 자료 취합, 가공, 보고만 남는다.

혁신이 사라진다

GE는 혁신의 대명사였다. GE를 따라 하지 않으면 뭔가 모자란 것처럼 보일 정도였다. 그런 GE가 2018년 미국 다우존스30 산업평균지수에서 퇴출당했다. 가장 오랜 기간 대표 종목 자리를 지켜온 GE가 실적 악화와 그에 따른 주가 하락이라는 어려움을 견디지 못하고 결국 퇴출당한 것이다. 이로써 1928년 30개 종목 체제가 정립된 '다우존스30'의 원년 멤버는 모두 빠진다. 그 어떤 강자도 혁신 없이 이름값만으로 정상에 머무를 수 없다는 것이 증명된 것이다. 새로운 생각을 바탕으로 지속적인 혁신을 해야 한다는 상투적인 말이 조금은 새롭게 들린다.

본질에서 벗어난 가짜 일은 그야말로 새로운 생각과 상극이다. 미래보다 과거, 시장보다 조직 내부, 창조보다 문서와 절차에 집착하기 때문이다. 어느 것 하나 새로운 생각에 도움 되는 것이 없다. 가짜 일이 어떻게 혁신을 방해하는지 자세히 알아보자.

가짜 일은 우리 조직에 관료주의를 퍼뜨린다. 가짜 일에 몰두하는 사람들은 대부분 불확실성과 리스크를 회피하려는 성향이 강하다. 또한 윈윈 Win-win이 아닌 동료의 몫을 빼앗는 제로섬 Zero-sum 사고방식을 지니고 있다. 이들은 왜 새로운 것을 만들지 못하냐는 질책을 두려워하지 않는다. 리스크과 불확실성을 과장해 보고함으로써 새로움에 대한 요구를 무마시키는 재주를 가지고 있기 때문이다. 이들이 두려워하는 것은 문제가 발생했을 때 듣는 질책, "이렇게 되도록 관리하지 않고 뭐 했어?"뿐이다. 그래서 그들은 만사가 겉으로 보기에 문제없기만을 바라고 이를 위해 노력한다. 이들은 새로운 아이디어를 막는다. 자신의 안전에 문제가 될 수 있기 때문이다. 관행 혹은 리스크 강조는 새로운 생각을 막기 위해 사용하는 무기다. 가짜 일을 하는 사람들은 스스로 아이디어를 낼 능력이 없을 뿐만 아니라 주변까지 방해한다.

가짜 일은 의미 없는 서류 작업이 많다. 현장에서 발로 뛰는 것은 어렵지만 아늑한 사무실에서 문서를 작성하는 일은 쉽다. 상사에게 인정받기 위해서도, 하는 일을 내세우기 위해서도 문서는 훌륭한 수단이다. 그러나 공식적인 문서에 쓰이는 단어는 제한적이다. 새로운 생각도 문서로 작성하다 보면 시시한 이야기가 되어버리는 경우가 많다. 생각이 문서로 바뀌는 순간 창의성이 사라지는 '언어장막효과Verbal Overshadowing'가 발생하기 때문이다. 과도한 문서 작업은 창의적인 생각을 방해한다.

:: 일의 본질을 놓친 조직에 작은 위기란 없다 ::

가짜 일에 빠져 체력과 역량이 사라진 조직은 위기가 닥쳤을 때 허무하게 무너진다. 위기를 극복할 체력이 없기 때문이다. 남들에게 큰일이 아닌 것도 나에게는 큰일이 되는 것이다. 앞에서 살펴본 바와 같이, 노키아 같은 큰 기업도 가짜 일 앞에서 무너졌다. 조직에 일하는 방식은 재무 건전성 이상으로 중요한 기초체력이다. 과도한 부채를 짊어진 기업이 금융위기에 흔들리듯, 일하는 방식이 잘못된 기업은 무너질 수밖에 없다.

위기는 불, 가짜 일은 기름

위기가 곧 멸망은 아니다. 지혜로운 조직은 위기를 기회로 삼는다. 위기를 통해 잘못된 관행과 사업, 부실과 조직의 군살을 되돌아보고 바로잡는다. 우리에게는 쓰라린 기억인 IMF 외환위기조차 어떤 기업에는 건전성을 높이는 기회였다.

그러나 '위기는 곧 기회'라는 말은 일의 본질에서 이탈한 기업에는 먼 이야기다. 일하는 방식이 잘못된 기업에 위기는 그냥 위기다. 그렇지 않아도 허약한 조직의 체력이 위기를 맞아 순식간에 사라진다. 힘을 모아도 모자랄 판에 기존의 가짜 일들이 위기를 맞아 몇 배로 늘어난다. 가짜 일에 지배당한 조직은 작은 위기에도 휘청거린다.

흔히들 위기가 패닉으로 이어진다고 생각한다. 그러나 모든 위기가 극단적인 혼란으로 이어지는 것은 아니다. 재난 분야의 연구자들은 대규모 화재나 여객선의 침몰 같은 절체절명의 상황에서도 사람들은 일반적으로 이성을 유지한다고 이야기한다. 하지만 특정 상황에서는 이성이 마비되고 서로를 짓밟는 극한의 혼란이 발생한다. 소방관 출신의 재난 전문가 폴 간트Paul Gantt는 위기가 극한의 혼란으로 이어지는 3가지 조건을 다음과 같이 제시했다.[30]

- 위기가 타인은 물론 나에게도 중대한 위협으로 다가오고, 불안감이 커야 한다.
- 위기 상황에서 탈출할 수 있을 것 같지만, 탈출의 기회가 쉽게 사라진다.
- 타인은 나의 생존을 책임지지 않는다.

요약하면 이렇다. 큰 위기의 상황에서 타인의 도움을 기대하기 어려울 때 나부터 살고자 행동한다는 것이다. 흥미로운 건 앞서 언급한 3가지 조건이 가짜 일이 만연한 조직에서도 유사하게 나타난다는 점이다. 보여주기나 내부 경쟁이 만연한 조직에서 개인은 이기적으로 변한다. 동료의 협조나 도움을 기대하기도 어렵다.

어느 조직이나 위기에 빠지면 분위기가 변한다. 부정적인 시각이 널리 퍼지고, 사람들이 신경질적으로 변한다. 철저한 상명하복이 강조되면서 권위주의가 심해진다. 중요한 분야로 자원을 집중시키면서 불균형과 결핍 문제가 생기고, 당장 눈앞의 어려움을 막느라 정신없다.

이런 상황에서 구성원들은 압박을 받는다. 평소에 인간적이고 부드러운 상사도 실적이 나빠지면 마냥 좋은 모습을 유지하기 어렵다. 이때 개인의 생존본능은 극대화된다. 건강한 조직에서 약간의 긴장감은 적절한 약이 될 수 있다. 그러나 이미 망가진 조직이라면 이야기가 다르다. 앞서 일의 본질을 망가트리는 원인 3가지에는 사욕 추구와 제도 실패, 생각 마비가 있다고 말했다. 가짜 일로 물든 조직에 위기가 닥치면 이 3가지가 극한으로 치닫는다. 그때 나타나는 특징적인 행동들이 있다.

전위행동

고양이 앞에 놓인 쥐가 있다. 죽을힘을 다해 도망가도 시원치 않은 상황에서 엉뚱한 행동을 시작한다. 갑자기 주둥이와 앞발로 털을 고르는 것이다. 쥐만 그런 것이 아니다. 수컷 재갈매기가 짝짓기하고자 암컷 앞에서 멋들어지게 춤을 춘다. 암컷은 쳐다보지도 않는다. 창피함을 느끼는 인간이라면 도망쳤을 순간, 재갈매기 수컷도 느닷없이 털을 고른다. 동물심리학에서는 이러한 행동을 전위행동Displacement Behavior이라 한다. 강한 스트레스 상황에서 발생한 에너지를 엉뚱한 곳으로 돌리는 것이다. 인간도 전위행동을 한다. 어색하거나 민망한 상황에서 머리를 긁는 행동이나 애꿎은 다른 사람에게 화풀이하는 것도 전위행동이다.

조직에 위기가 닥치면 구성원들 역시 스트레스를 받는다. 구성원들도 고양이 앞에 놓인 쥐와 같이 스트레스를 느낄 수밖에 없다. 숨고 싶지만 숨을 곳이 없다. 상사와 조직은 구성원들을 강하게 다그친다. 위기 상황에서는 뭐라도 하는 모습을 보여야 한다. 이때 걱정을 잊기 위한 전위행동으로 가장 좋은 것이 가짜 일이다.

조직에 위기가 닥치면 가짜 일이 몇 배로 늘어난다. 위기를 극복하기 위한 대책 회의라는 이름으로 평소에 없던 수많은 회의가 생겨난다. 늘어난 회의보다 더 많은 양의 보고서를 작성한다. 중앙의 참모들은 현장 직원에게 문서 작업과 데이터를 요구한다. 현장에서 고객을 응대할 시간이 줄어들지만 직원들은 불만을 이야기할 수 없다. 이런 상황에서는 가볍게 넘어갈 수 있는 작은 실수도 "이러니 회사가 이 모양이지"라는 책망으로 이어지기 쉽다. 그래서 직원들은 평소보다 몇 배 더 꼼꼼하게 보고서를 작성한다. 딱히 할 일이 없어도 눈치 보느라 야근할 수밖에 없다. 위기에 빠진 조직이 쓸데없는 일에 힘을 낭비하는 것을 지켜보며 직원들은 조직의 미래에 깊은 회의감을 느낀다.

어려운 상황일수록 힘을 아껴서 위기를 극복해야 한다. 그러나 위기 상황에서 나타나는 전위행동은 가짜 일이다. 구조조정을 피하고자 고객이 아닌 상사를 위해 일하기 때문이다. 문서 작업과 회의에 시간과 자원이 투입되니 고객 서비스에 더 소홀해질 수밖에 없다.

스토팅

다시 동물의 세계를 살펴보자. 아프리카 초원, 가젤이 무리를 이루고 있는데 멀리서 사자들이 다가오며 사냥의 기회를 노린다. 생존의 사투가 벌어지려는 찰나, 갑자기 무리에 섞여 있던 가젤 몇 마리가 제자리에서 뛰어오른다. 사자는 아직 저 멀리 있는데 말이다.

포식자와 멀리 떨어진 상황에서 가젤과 같은 피식자 중 일부가 갑자기 뛰어오르는 이 현상을 '스토팅Stotting'이라 한다. 합리적인 관점에서 보면 굉장히 어리석은 행동이다. 눈에 더 잘 띄어 위험할 뿐 아니라 도망갈 힘을 소진한다. 그런데도 많은 초식동물이 포식자 앞에서 스토팅을 한다.

학자들은 이 행위에 대해 다양한 해석을 내놓지만, 그중 가장 설득력 있는 주장은 포식자에게 메시지를 전하기 위해서다. '나는 이렇게 높이 뛸 수 있을 만큼 힘이 있고 빠르니까 나 말고 다른 가젤을 잡아라'라는 메시지를 사자에게 전한다. 어차피 사자가 가젤 무리 전체를 잡아먹을 수는 없으니 일단 나만 아니면 된다는 자기 보호 본능에서 비롯된 행위라는 것이다.

다시 조직의 위기로 돌아오자. 위기의 조직이 쉽게 택하는 선택지 중 하나는 인원 감축이다. 인원을 줄일 필요가 없는 경우에도 인원을 감축한다. 누군가에게 책임을 지우기 위해서다. 이때 가장 중요한 것은 내가 그 감축 대상에서 빠지는 것이다.

조직은 배와 같다. 침몰한다고 모두가 죽는 것은 아니다. 돛대는 가장 늦게 가라앉는다. 그 끝에 기어 올라갈 수만 있다면 동료들이 물에 빠져도 나는 살 수 있다. 운이 좋다면 완전히 가라앉기 전에 구조될 수도 있다. 조금 더 적극적인 관점에서 위기를 해석하는 사람도 존재한다. 위기를 조직에서 경쟁자를 없앨 기회로 활용하는 것이다.

본질에서 벗어난 일은 개인 목표와 조직 목표의 괴리에서 자라난다. 위기는 이 괴리를 가장 크게 만든다. 위기가 닥치면 사람들은 변한다. 전혀 다른 얼굴로 숨겨왔던 이기심을 드러내며 혼자만 살고자 한다. 조조에 대한 평으로 유명한 말이 있다. "평안한 시기에 능력 있는 신하이고, 어려운 시기에는 간사한 영웅이다." 어려운 시대는 필연적으로 간사한 영웅을 만든다. 개인의 위치를 상대적으로 높일 기회이기 때문이다. 이러한 이유로 조직이 위기에 빠지면 스토팅이 일어난다. 평소라면 양보할 수 있는 자원을 두고 서로 싸운다. 가짜 일을 열심히 하며 자신의 성과를 어필한다. 인재로 보이기 위해 현실성 없는 대안을 쏟아내기도 한다. 비생산적인 가짜 일 속에서 조직은 빠른 속도로 망가진다.

무섭지만
무서워할 필요 없다

우리는 이상하게도 가짜 일을 만만하게 본다. 생산성이 떨어지는 일쯤으로 생각한다. 위험한 생각이다. 가짜 일을 없애기 위해서는 가짜 일이 얼마나 무섭고 위험한지 알아야 한다.

가짜 일은 만성질환을 일으키는 나쁜 습관과도 같다. 가짜 일은 고객을 쫓아낸다. 그뿐만이 아니다. 회사에서 인재를 쫓아내기도 한다. 고객을 직접 대하는 현장의 힘을 약하게 만들기도 한다. 가짜 일은 새로운 생각과 혁신을 막는다. 가짜 일은 조직의 힘을 갉아먹음으로써 건강한 조직을 약골로 만든다.

가짜 일로 힘이 약해진 조직은 작은 위기에도 크게 흔들린다. 위기 속 가짜 일은 크게 2가지 모습으로 나타난다. 그 첫 번째는 불안한 상황에서 뭔가 하는 모습을 보이기 위해 선택하는 가짜 일, 전위행동이다. 힘을 모아야 하는 위기 상황에서 쓸데없는 회의와 문서 작업이 몇 배로 늘어난다. 소중한 자원이 낭비되고 고객은 뒷전이 된다.

또한 나만 살기 위한 행동인 스토팅도 발생한다. 자기 보호 본능이 모든 사고를 지배하면서 동료를 공격하기도 한다. 얼마 남지 않는 조직의 체력이 가짜 일로 사라지고, 조직은 결국 무너진다.

이렇듯 순식간에 조직을 망가뜨릴 수 있는 것이 가짜 일이지만, 무서워할 필요는 없다. 가짜 일을 만드는 것도 그것을 선택하는 것도 결국 우리 자신, 우리가 일하는 조직이다. 그런 이유로 가짜 일을 없애는 데는 특별한 기법이 필요치 않다. 그냥 하지 않으면 된다.

지금까지 무엇이 가짜 일인지, 우리가 가짜 일을 왜 선택하는지, 가짜 일의 대가가 무엇인지 알아봤다. 우리가 가짜 일에 대해 알아야 할 것은 이제 다 알았다. 이제 가짜 일을 끊으면 된다. 나쁜 습관을 끊는 일은 어렵다. 하지만 불가능한 일은 아니다. 의지만 있다면.

3부

일하는 방식
이렇게 달라져야 한다

조직 구석구석에 뿌리를 내린 일하는 방식은 쉽게 바뀌지 않는다. 일 자
체는 물론, 문화와 제도, 더 나아가 사람까지 바뀌어야 한다. 잘못된 접근
방식은 헛수고로 이어질 뿐이다. 사례를 통해 올바른 접근법에 대한 실
마리를 찾아보고, 제대로 된 일을 하기 위한 조직문화에 대해서도 고민
해보자.

9장
일본의 실패, 반면교사로 살펴보자

일하는 방식을 바꾼다는 것은 쉽지 않을 뿐만 아니라 조직에 미치는 영향도 크다. 그래서 더욱 신중한 접근이 필요하다. 잘못했다가는 조직의 성과를 좌우하는 일을 더 크게 망칠 수도 있기 때문이다. 성공이든 실패든 다양한 사례를 살펴보는 것은 우리가 올바른 길을 찾는 데 큰 도움이 된다.

일본은 2016년부터 정부의 주도하에 '일하는 방식 개혁'을 추진하고 있다. 조직문화, 장시간 근로의 일상화 등 공통점이 많다는 점에서 일본 기업의 사례는 우리에게 많은 시사점을 준다. 일본 기업의 몇 년간의 노력에서 참고할 만한 점을 찾아보자.

:: 신입 사원의 죽음, 일본을 폭풍 속으로 ::

기독교 인구가 많지 않은 일본은 크리스마스가 휴일이 아니다. 그래도 모두가 들뜨는 시기다. 2015년 12월 25일 아침, 도쿄에 있는 일본 최대 광고 회사 '덴츠電通'의 사원 기숙사에서 한 여성이 투신하는 충격적인 사건이 발생했다. 그녀의 이름은 다카하시 마츠리高橋まつり, 당시 24세로 도쿄대를 졸업하고 3월에 입사한 신입 사원이었다.

회사는 그녀의 자살에 대해 개인의 문제라고 이야기했다. 그러나 그녀의 가족이 나서면서 이 문제는 큰 반향을 불러왔다. 다카하시의 어머니가 자살한 딸의 영정사진을 들고 기자회견을 자청하며 딸의 자살은 회사의 잘못에서 비롯되었다고 주장한 것이다. 그녀의 가족과 친지들은 과중한 업무와 그로 인한 스트레스가 자살의 직접적인 원인이라고 말했다. 가족들이 제시한 근거는 그녀의 SNS 내용이었다. 사건이 있기 1년 반 전, 덴츠에 입사가 내정된 다카하시는 SNS를 통해 입사의 설렘을 표현했다. "언론계에서 일하게 되어 기쁩니다. 가능성 있고, 새로운 내용을 만든다는 점이 좋아서 이 회사를 선택했습니다."

그러나 그녀를 맞이한 것은 가혹한 현실이었다. 입사 이후 그녀의 SNS는 과중한 업무에 대한 호소로 가득했다. "자고 싶다는 것 외에는 아무런 생각이 들지 않는다." "또 잠을 잘 수 없을 정도의 업무가 부여됐다." "하루에 20시간이나 회사에 있다 보면 도대체 무엇 때문에 사는지 알 수 없다." 불과 1년 반 사이에 그녀의 삶은 완전히 망가졌다.

다카하시가 근성이 부족한 요즘 젊은이였기 때문에 버티지 못했다고 주장한 사람들도 있었다. 그러나 그녀를 가까이에서 봤던 사람들의 생각은 달랐다. 그녀는 어려운 가정환경에서도 하루 12시간씩 성실하게 공부해 도쿄대에 입학한 수재였다.

기자회견이 사회적 반향을 일으키자, 정부가 나서 덴츠의 업무환경과 업무 실태를 조사했다. 그 결과는 참담했다. 다카하시의 초과근무 시간은 10월에는 130시간, 11월에는 99시간이었다. 이는 일본 후생성이 과로사가 우려되는 월 초과근무의 수준으로 제시한 이른바 '과로사 라인'인 월 80시간을 훨씬 뛰어넘는 양이었다. 10월을 기준으로 20일 근무했다고 가정한다면, 매일 6시간 30분을 더 일했다는 이야기가 된다. 한 달 내내 자정을 넘겨 퇴근했다는 말과 같다.

과중한 업무에 성희롱까지

심각한 문제는 더 있었다. 회사에서 제공한 근무시간 기록과 그녀의 출입 카드를 분석한 결과가 크게 달랐다. 2015년 10월 26일의 출퇴근 기록을 보면, 다카하시는 새벽 6시 5분에 출근해 다음 날인 27일 오후 2시 44분에 퇴근했다. 무려 32시간이 넘게 회사에 머무른 것이다. 하지만 회사의 기록에는 그녀가 아침 9시 30분에 출근해 밤 10시에 퇴근한 것으로 적혀 있었다. 회사는 자기계발, 식사 등으로 인해 시간 차이가 나는 것이라고 주장했다. 회사의 어이없는 주장에 대중들이 분노하기 시작했다.

잘못된 조직문화, 분위기도 문제로 지적되었다. 상사가 그녀에게 했던

부적절한 언행도 드러났다. 그녀의 SNS에는 "부스스한 머리나 눈이 충혈된 채로 회사에 나오지 말라"는 말을 상사에게 들었다고 적혀 있었다. "너는 여자다운 맛이 없어"라는 이야기도 있었다. 장시간 근무는 물론, 직위를 이용한 괴롭힘인 파워하라(パワハラ, Power Harrassment, 거기다 성희롱까지 난무했다.

"시작한 일이라면 완수할 때까지 죽어도 포기하지 말라"는 행동규범을 지닌 덴츠는 이전부터 과중한 업무로 악명이 높았다. 1991년에도 입사 2년 차 신입 사원이 과로로 자살했고, 회사에 책임이 있다는 판결을 받은 바 있었다. 한 기업의 일하는 방식은 심각한 파장을 불러일으켰고, 조사 과정에서 다양한 불법 문제가 드러나면서 최고경영자가 회사에서 물러나야 했다. 이 사건은 일본 기업 전체의 일하는 방식에 문제가 있다는 지적으로 이어졌고 개선이 필요하다는 주장으로 발전했다.

:: 일하는 방식을 바꿔야만 했던 일본의 사정 ::

다카하시 마츠리의 자살은 일본의 일하는 방식 개혁에 불을 붙였다. 그러나 이 사건은 하나의 계기였을 뿐이다. 이미 일본은 일하는 방식에 대한 고민을 더는 뒤로 미루기 어려운 상황에 놓여 있었다. 기업의 일하는 방식을 바꾸는 작업에 정부까지 나설 수밖에 없었던 일본의 사정을 자세히 살펴보자.

부끄러운 노동생산성

일본은 경제 대국이다. 하지만 그 안을 자세히 살펴보면 고개를 갸웃
하게 된다. 양적인 측면에서는 경제 대국이 맞지만, 질적인 측면에서는
다소 의문이 생긴다.

일본이 본격적으로 일하는 방식 개혁 작업에 나선 2016년 일본의 노
동시간당 GDP는 45.06달러로 35개 OECD 회원국 평균인 52.66달러
를 밑돌았다. 순위 역시 20위에 불과했다. 이는 미국 69.28달러의 3분
의 2 수준에 불과했다. 특히 G7 국가 중에서 최하위를 기록했다. 우리가
생각하는 위상과 사뭇 다른 모습이다. 물론 같은 해 노동시간당 GDP가
36.55달러로 일본에 비해서도 크게 낮은 우리가 일본의 생산성을 비판
하는 것이 적절한지는 모르겠다. 그러나 세계 경제에서 차지하는 일본의
위상에 걸맞다고 보기는 어려운 생산성이다.

낮은 노동생산성은 일본 기업들이 일하는 방식을 바꿔야 하는 중요한
이유 중 하나다. 우리와 마찬가지로 일본도 장시간 노동으로 경제를 발
전시켰다. 그러나 노동자들의 인식이 변화하고, 전반적인 인건비 수준이 높
아지면서 양으로 질을 커버하기 어려워졌다.

장시간 노동에 대한 인식 변화

다카하시 사건에 대한 일본 사회의 분노를 보면 알 수 있듯, 일본 사회
는 더 이상 장시간 노동을 미덕으로 생각하지 않는다. 한창 경제가 성장
하던 시기, 일본에는 오직 회사를 위해 개인의 생활과 가족까지 희생하

며 열심히 일하는 노동자를 미화하는 단어가 있었다. 맹렬사원猛烈社員과 기업전사企業戰士 같은 말이 여기에 해당한다. 이러한 인식은 시대와 함께 변한다. 경제 거품이 급속히 꺼지면서 언제까지나 경제가 성장할 수 없다는 것을 사람들은 알게 되었다.

삶의 방식에 대해 다시 생각하게 된 계기도 있었다. 1980년대 후반까지도 일본 정부와 학계는 과로가 사람의 생명에 영향을 주지 않는다는 연구 결과를 발표했다. 하지만 국제노동기구ILO는 과로사를 일본의 중요한 사회 문제로 지적했다. 게다가 카로시Karoshi, 과로사를 의미하는 이 단어를 외국인들이 번역하지 않고 그대로 가져다 쓰고, 그것이 일본을 상징하는 단어가 되는 것을 본 일본인들은 큰 충격에 빠진다.

이러한 변화는 노동시간에 대한 사람들의 반응을 바꿔놓았다. 맹렬사원은 가축이라는 말을 변형한 '사축社畜'이란 단어로 대체된다. 아무 생각 없이 회사에서 시키는 대로 일하는 무기력한 짐승과 같은 존재라는 뜻이다. 기업전사는 '블랙기업ブラック企業'이란 단어로 바뀐다. 원래 블랙기업은 야쿠자들이 자금 세탁의 목적으로 운영하는 회사를 의미하는 단어였다. 하지만 지금은 장시간 노동으로 노동자를 착취하거나 야근 수당 등을 제대로 주지 않는 회사를 뜻한다.

사축이나 블랙기업이란 단어만 있는 것이 아니다. 수당을 지급받지 못하는 초과근무를 뜻하는 서비스 잔업サービス残業, 회사에서 초과근무를 인정해주지 않아 일을 집이나 커피숍 등으로 가져가는 것을 뜻하는 보따리 잔업風呂敷残業이라는 말도 생겨났다. 이런 단어들에는 이제까지 일본

206

기업의 업무 방식에 대한 냉소와 분노가 담겨 있다.

무서운 속도로 감소하는 일본의 인구

정말 무서운 변화는 서서히 그러나 도저히 거스를 수 없는 밀물처럼 밀려온다. 바로 일본의 인구 감소 문제다. 특히 노동인구의 빠른 감소다. 좁은 땅과 부족한 자원을 지닌 일본이 제2차 세계대전 이후 급속히 성장할 수 있었던 이유는 바로 양질의 대규모 노동력 때문이었다. 제2차 세계대전 직후인 1950년, 이미 일본은 15세에서 65세까지의 생산연령인구가 5000만 명을 넘었다. 1970년대 이후에는 총인구가 1억 명을 넘는 인구 대국으로 거듭났다.

그러나 이러한 상황은 저출산 고령화로 인해 바뀐다. 1995년 8716만 명으로 정점을 찍은 생산연령인구는 이미 감소세로 돌아섰으며, 2050년에는 100년 전 수준인 5000만 명으로 줄어들 것으로 예측된다. 1억 3000만 명에 육박했던 총인구도 이미 감소가 시작돼 역시 2050년에는 '1억 인구 대국'의 시대가 끝날 것으로 보인다. 질적인 측면에서도 문제가 있다. 15세에서 65세까지의 인구를 묶어 생산연령으로 보고 있지만, 상대적으로 고령층의 비중이 압도적으로 높아질 것으로 예상된다.

일하는 사람이 노인을 간호하기 위해 직장을 떠나게 되는 이른바 '개호이직介護離職'의 증가도 노동력 감소에 영향을 미치고 있다. 일본 총무성 자료에 따르면, 2010년에는 생산연령 2.77명당 65세 이상 노인 1명의 인구 구조였지만, 2050년에는 생산연령 1.28명당 노인 1명으로 인구 구조가 바뀔 것으로 보인다. 생산연령 1명당 노인 1명인 셈이니, 부양하고 있는 노인의 질병으로 생산 현장을 떠나는 사람은 앞으로도 더 늘어날 것이다.

인구 구조 변화에 대처하기 위해서는 다양한 측면의 접근이 필요하다. 출산 장려 정책, 사회 안전망과 복지 확충 등 국가 차원에서 여러 방향으로 고민해야 한다. 하지만 기업은 당장 일할 사람이 필요하다. 구직난이 심각한 우리와 달리, 일본 기업들은 심각한 인력 부족에 시달리고 있다. 특히 300인 미만 중소기업의 경우, 2019년 3월 대졸자를 기준으로 한 구인배율(구직자 1인당 취업 가능한 일자리 수)이 역대 최고 수치인 9.91을 기록했다.[31] 이는 중소기업에서 원하는 인재는 9.91명인데, 취업을 희망하는 사람은 1명에 불과하다는 것이다. 2025년에는 최대 1255만 명의 인력 부족이 예상된다는 조사도 있다.[32]

하지만 인적 자원은 다른 생산요소와 달리 단기간에 늘리기 어렵다. 우리 이상으로 폐쇄적인 일본 기업의 특성상 해외에서 인력을 구하는 것도 한계는 있다. 그렇다면 답은 하나다. 생산 능력이 있으나 생산 현장에서 떠나 있는 인력, 즉 여성 인력과 건강한 고령 인력을 일터로 불러들여야 한다.

그러나 일본 기업의 일하는 방식이 걸림돌이 되고 있다. 긴 노동시간으로 젊은 사람들마저 견디지 못하고 자살하거나 과로사하는 상황이라면 육아와 가사의 부담이 큰 여성과 상대적으로 체력이 약한 고령 인력은 일하기 어렵다. 더 많은 사람이 일해야 하지만, 현재 일본 기업의 일하

는 방식으로는 불가능하다. 살아남기 위해서라도 기업은 일하는 방식을
보다 여러 사람이 일할 수 있도록 바꿔야 한다.

우리와 너무 닮아있는 일본

이제 시선을 우리에게로 돌려보자. 우리의 상황은 일본과 다를까? 그
렇다고 보기 어렵다. 오히려 약간의 차이만 있을 뿐 거의 비슷하다.

우리는 일본보다도 시간당 노동생산성이 낮다. 우리 국민과 노동자들의
인식 역시 변하고 있다. 과거와 같은 장시간 노동과 비효율적인 업무 관행을
유지하기 어려운 것도 같다. 다만 차이가 있다면 일본은 구인난이 심하고,
우리는 구직난이 심하다는 것이다. 그러나 이 역시 점차 비슷해질 가능
성이 크다. 이미 우리나라는 일본이 겪었던 것보다 훨씬 빠른 속도로 고
령화가 진행되고 있고, 출산율은 세계 최저 수준이다. 특별한 대책을 마
련하지 않는다면 일본보다 더욱 급격한 인구 감소와 인력 부족 현상을
겪을 것이다. 이런 것들이 우리가 일본 기업의 일하는 방식 개혁에 주목
해야 하는 이유다.

:: 정부가 나서다 ::

일본의 낮은 생산성과 사회적 인식의 변화, 인구 감소는 일하는 방식 개
혁의 필요성을 강하게 보여줬다. 그래서 정부가 나섰다. 2016년 9월 아

베 내각은 '1억 총활약 사회의 실현'을 기치로 내세우고 이른바 '일하는 방식 개혁 실현 회의働き方改革実現会議'를 개최한다. 일하는 방식 개혁을 전담할 장관급 관료도 임명했다. 사기업의 일하는 방식에 정부가 손을 댄 것이다.

이 회의에는 총리를 비롯해 일본 정부의 핵심 관료들이 다수 참여했다. 경제단체 및 노조연합, 교수 등 다양한 분야의 민간 전문가들도 참여했다. 일하는 방식 개혁 실현 회의는 2016년 9월 1차 회의를 시작으로 2017년 3월 말까지 총 10차례 열리며 노동 관련 정책과 법령을 만드는 작업을 했다.

이 회의의 기본 방향은 다음 3가지로 요약된다. 첫째, 일본 기업 특유의 장시간 노동 시정, 둘째, 동일노동 동일임금 특히 비정규직에 대한 불합리한 차별 시정, 셋째, 육아, 돌봄 등을 지원하기 위한 유연근무제도 확대였다. 3가지 방향을 바탕으로 다양한 제도와 정책이 마련되었다.

마지막 10차 회의에서는 정부 차원에서 실행할 9가지의 실행 계획도 발표한다. 첫째, 비정규직 처우 개선, 둘째, 임금 인상 및 생산성 향상, 셋째, 장시간 노동 시정, 넷째, 유연한 근무를 위한 환경 조성, 다섯째, 질병 치료, 육아 등 돌봄과 일의 양립, 여섯째, 외국인 취업 강화, 일곱째, 여성과 젊은이의 취업 확대, 여덟째, 전직과 재취업 강화, 마지막 아홉째는 고령자 취업 촉진이었다. 단순히 일하는 방식뿐만 아니라 노동과 관련된 거의 모든 이슈와 문제점을 망라하는 계획을 발표한 것이다.

정부의 적극적인 움직임에 기업도 경제단체연합체를 중심으로 적극적으로 협조했다. 정부의 노동시간 축소에 시기상조론을 내세우며 소극적으로 반응한 우리와 달랐다. 물론 일본 기업이라고 처음부터 일하는 방식 개혁에 높은 지지를 보냈던 것은 아니다. 아베 내각 초기에 시도했던 노동 관련 제도 개혁은 기업의 강한 반대로 좌초되기도 했다. 하지만 앞서 살펴본 덴츠의 문제를 보면서 일본 기업들도 문제의식과 사회 인식 변화를 느꼈고, 무엇보다 생산성을 높여야 한다는 데 동의했다.

:: 생각보다 초라한 성과 ::

사실상 정부의 최고지도자인 총리가 주도하고, 이를 위한 장관급 자리까지 신설한 일본의 일하는 방식 개혁, 이 정도면 정부의 가장 중요한 정책 과제라고 해도 과장이 아니다. 거기다 기업들까지 적극적으로 협조했다. 역사상 유례 없는 이 거창한 작업의 성과는 과연 어땠을까? 몇 가지 숫자를 통해 살펴보자.

참여는 늘었지만, 만족도는 낮았다

기업의 호응도는 크게 높아졌다. 딜로이트 건설팅이 조사한 2017년 자료를 보자. 응답 기업의 73%가 일하는 방식 개혁을 추진 혹은 이미 실행 중이라고 응답했다(추진 중이다 63%, 실천 중이다 10%). 2013년의 30%, 2015년의 34%를 크게 뛰어넘는 수치였다. 일하는 방식 개혁의 필요성

을 인식하고, 이를 실천하기 위해 노력하는 기업들이 늘었다고 해석할 수 있다.[33]

하지만 현장에서 느끼는 일하는 방식 개혁의 성과는 참여도를 따라가지 못했다. 일하는 방식 개혁에 참여한 기업들에 만족도를 물었다. 51% 기업이 부정적으로 답하거나 효과를 측정할 수 없다고 답했다(성과를 측정할 수 없었다 28%, 효과가 충분치 않고 직원들이 만족하지도 않는다 22%, 효과가 전혀 없을 뿐만 아니라 직원들도 만족하지 않았다 1%). 긍정적인 답변은 절반에 못 미치는 49%였다(직원 만족은 없었지만 효과가 있었다 21%, 직원들도 만족하고 효과도 있었다 28%).

개인의 만족도는 더 낮았다. 2017년 일하는 방식 개혁 작업을 진행 중인 회사의 구성원을 대상으로 한 조사에서 응답자의 17%가 일하는 방식 개혁에 '매우 불만'을 표시했고, 39%는 '다소 불만'이 있다고 답했다. 응답자의 절반 이상인 56%가 일하는 방식 개혁에 불만을 표한 것이다. 반면 '다소 만족'했다는 응답은 39%, '매우 만족'했다는 응답은 5%에 불과했다. 예상과 다른 결과였다.

기대 이하의 결과

만족도로 모든 것을 평가할 수는 없다. 일부를 대상으로 한 조사가 전체를 대표한다고 보기 어렵고, 누구나 처음에는 변화에 대해 부정적일 수 있다. 그래서 객관적인 지표라 할 수 있는 노동시간과 노동생산성을 살펴봐야 한다.

일하는 방식 개혁 작업 후에 일본 노동자들의 장시간 노동 문제는 얼마나 해소되었을까? 일본 후생노동성 매월 근로통계 조사 결과에 따르면, 개혁이 본격적으로 진행되기 전인 2016년 2월 일본 정규직 근로자의 평균 노동시간은 168.0시간이었다. 그러나 2017년 2월에도 이 수치는 168.0시간으로 동일했다. 2018년 2월에는 164.0시간으로 4시간 감소했으나, 2019년 2월에는 다시 164.0시간으로 전년도와 같았다. 3년 동안 월 노동시간은 2.3%인 평균 4시간 줄었다. 20일 근무 기준으로 보면, 하루 평균 12분 감소한 것이다.

하루에 12분 노동시간이 줄어든 것도 성과라면 성과라고 할 수 있다. 그러나 정부와 기업이 함께 나섰을 때 기대했던 목표가 이 정도 성과는 아니었을 것이다.

다음으로 일본의 노동생산성 변화를 다른 국가와 비교해보자. 2016년 일본의 시간당 노동생산성은 45.06달러였으며, 2년 후인 2018년에는 45.90달러였다. 2년간 1.9% 증가했다. 같은 기간 다른 국가들의 노동생산성 변화를 살펴보자. G7의 시간당 노동생산성은 2016년 61.05달러에서 2018년에는 62.35달러로 2년간 2.1% 증가했다. 일본의 증가율보다 높다. OECD 전체적으로 봐도 2016년 52.66달러에서 2018년 53.96달러로 2.5% 증가했다. 이 역시 일본의 증가율보다 높다. 우리나라는 어땠을까?

한국의 시간당 노동생산성은 2016년 36.55달러에서 2018년 39.55달러로 2년간 8.2% 증가했다. 일본보다 훨씬 앞서는 수준이다. 개혁을 추진한 일본보다 다른 나라의 노동생산성이 더 크게 향상된 것이다.

:: 무엇이 문제였을까? ::

일하는 방식을 바꿔야 한다는 사회적 합의가 있었다. 신입 사원의 자살이라는 계기도 있었다. 정부가 주도했고 기업도 적극적으로 참여했다. 그런데 일하는 방식이 단기간에 바꾸기 어렵다고 해도 일본의 성과는 기대한 수준이라고 보기 어렵다. 도대체 무엇이 문제였을까?

노동시간이라는 잘못된 목표
좋은 뜻으로 개혁을 추구해도 목표가 잘못되었다면 그 개혁은 성공하기 어렵다. 일본의 목표는 생산성을 높이고, 장시간 노동에 대한 인식 변화를 반영하고, 인구 변화에 대응하기 위해 일하는 방식을 바꾸자는 것이었다. 충분히 상식적인 내용이었다. 그러나 '노동시간 단축'에 초점을 둔 것이 문제가 되었다. 노동시간은 본질이 아니다. 문제가 있어서 노동시간이 길어진 것이지, 긴 노동시간이 모든 문제의 원인은 아니다.

딜로이트 컨설팅 조사에 따르면, 일본 기업에 개혁의 목표를 물었을 때 87%의 기업이 '생산성 향상'이라고 답했다. 직원 건강 증진(76%), 직원 만족도 제고(74%) 같은 목표들이 그 뒤를 이었다. 일본 기업들도 처음에는 올바른 목표를 설정했던 것이다.

문제는 실행 단계에서 나타났다. 기업들은 생산성을 높이기 위해 체계적으로 고민하지 않았다. 눈으로 보이는 수치인 '노동시간 단축'에 집중했다. 이러한 사실은 일본 기업들이 개혁을 위해 취한 조치를 보면 알 수 있다. 기업의 구성원들에게 회사가 개혁을 위해 어떤 제도를 도입했는지 조사한 설문 결과를 보자.[34] 복수 응답이 가능한 이 설문에 가장 많은 응답자가 휴가 사용 촉진(61.8%)을 꼽았다. 2위는 장시간 노동이 발생하는 일부 사업이나 서비스 중지(54.0%), 3위는 영업시간 단축(49.2%)이었다. 기업들이 가장 많이 활용한 3가지 대안 모두 생산성보다는 노동시간에 초점이 맞춰져 있었다.

본질적인 생산성을 높이려는 정책, 예컨대 생산성 향상 노력의 평가 반영(18.9%), 근무 환경 개선(16.0%), 업무 속도 향상 기술 도입(14.7%), 교육 강화(13.4%) 등이 없었던 것은 아니다. 그러나 시행 비율에서 드러나듯 노동시간 감축을 위한 정책보다 비중이 작았다. 비효율 제거와 생산성 향상을 위한 기본적인 조치라고 할 수 있는 '업무 프로세스 재검토 및 개선'을 시행한 회사는 5.2%에 불과했다. 일본 기업은 원인을 철저히 분석해 해결하는 접근보다는 노동시간만을 목표로 하는 대증요법에 치중했다.

일본 기업이 일하는 방식을 개혁하려고 했다면, 일하는 방식과 성과를 연결해야 했다. 일하는 방식을 개선해 생산성을 높이고, 적게 일하면서도 성과를 거두는 방향으로 접근했다면 훨씬 더 좋은 결과를 맞이할 수 있었을 것이다.

일하는 사람의 마음을 얻지 못했다

효율적으로 일하는 방법과 성과를 내는 방법을 가장 잘 아는 사람은 결국 일하는 사람이다. 그러나 일본 기업들은 일하는 방식 개혁 과정에서 작업자들의 이해와 참여를 얻어 내지 못했다. 그것이 결과를 실패로 이끈 또 하나의 원인이다.

앞서 일하는 방식을 개혁하고 있는 기업의 근로자 절반 이상이 불만을 가지고 있다는 조사 결과를 보았다. 그 이유에 대해 살펴보자. 구성원이 꼽은 가장 큰 이유는 '일찍 퇴근할 만큼 일이 줄지 않았다(37.3%)'였다. 일을 줄이려는 노력 없이, 막무가내로 퇴근하라고 강요하는 것이 가장 큰 불만이었다. 2위는 대단히 실질적인 이유라 할 수 있는 '잔업 수당이 감소했다(32.2%)'였다. 구성원들은 잔업 수당이 줄면서 소득도 줄어들었다고 느꼈다. 3위는 '회사의 퇴근 시간 통제를 이해할 수 없다(23.4%)'였다. 이 역시 회사가 구성원에게 제도의 취지와 목적을 제대로 설명하지 않고 일방적으로 밀어붙였음을 짐작게 하는 대목이다.

구성원들은 적게 일하는 것을 좋아하지 않았다. 19.7%의 직원들이 불만의 이유로 '시간을 들여 일하고 싶다'고 답했다. 시간이 걸리더라도 제대로 일하고 싶은데 회사의 노동시간 축소 정책이 이를 방해한다는 것이었다. 비슷한 이유로 '일을 통한 연마의 기회가 줄었다(11.9%)' '고객에게 최선을 다할 시간이 부족하다(9.5%)'가 있었다. 그 외에는 대증요법에 대한 불만들, 즉 '집에 일찍 가라고 하는데 상사가 갈 때까지 갈 수 없다(17.6%)' '집으로 일을 들고 가게 되었다(16.3%)' 등이었다.

개혁은 좋은 취지에서 시작되었다. 그러나 기업은 구성원들에게 그 취지를 제대로 설명하지 않았다. 구성원의 의견을 모으려는 노력도 하지 않았다. 일본 주간지 〈슈칸 겐다이週刊現代〉는 2017년 4월 기사에서 잔업과 야근이 많은 이유에 대해 이렇게 밝혔다. "잔업과 야근이 합리적이라고 생각하기 때문이다." 고객 요구를 적은 인원으로 대응하는 것을 당연하게 여기고, 전문성보다는 인성과 연공을 중심으로 평가하는 관행 속에서 자연스럽게 야근과 잔업이 늘어났다는 것이다. 뒤집어 말하면 잔업과 야근을 없애기 위해서는 조직의 시스템과 운영 방식을 바꿔야 한다는 뜻이다. 그러나 일본 기업은 어떠한 노력 없이 구성원들에게 일찍 퇴근하기만을 요구했다.

일부 직원들에게 잔업 수당은 수입의 중요한 부분이었다. 노동자에게 급여만큼 민감한 문제가 또 있을까? 하지만 많은 회사가 이를 제대로 설명하지 않았을 뿐만 아니라 대책을 마련하지도 않았다. 이런 상황에서 구성원들의 협조와 이해를 기대하기는 어렵다.

:: 몇 개의 교훈 ::

지금까지 우리보다 앞서 일하는 방식을 바꾸려 노력한 일본의 사례를 보았다. 그렇다면 일본 사례에서 얻은 교훈 3가지를 꼽아보자.

먼저 일의 본질을 찾는 과정에서 기업은 철저히 성과와 생산성을 높이기 위해 노력해야 한다. 노동시간은 그 자체로 목적이 되어서는 안된다. 부수적 혹은 중간 지표일 뿐이다. 우리나라 역시 주 52시간제가 논의되고 있다. 그런데 논의의 중심이 노동시간에 쏠려 있다. 어떻게 하면 생산성을 높이고 더 좋은 성과를 낼 수 있을까에 대한 논의는 부족해 보인다. 일본의 낮은 노동생산성을 지적했지만, 우리의 노동생산성은 그보다 훨씬 낮다. 노동시간보다는 생산성을 높이는 과정에 초점을 맞출 필요가 있다.

다음 교훈은 대증요법으로 일하는 방식을 바꾸는 데에는 한계가 있다는 사실이다. 우리 기업들도 대증요법에 많이 의존하고 있다. 휴가를 쓰라고 독려하거나 회의시간을 제한하거나 일정 시간 이후 컴퓨터를 사용하지 못하게 하는 것들이 그 예다. 직원들이 왜 늦게까지 일해야만 하는지 그 본질적인 원인을 찾아 해결해야 한다. 원인을 남겨둔 대증요법은 진정한 대책이 될 수 없다. 또 다른 형태의 비효율과 가짜 일을 만들어낼 뿐이다.

마지막으로 조직 전체의 참여를 유도해야 한다. 우리가 회사에서 하는 일들은 촘촘히 연결되어 있다. 모든 구성원이 동의하고 함께 노력하지 않으면 일하는 방식은 절대 바뀌지 않는다. 오히려 조직 내 갈등이 불거질 수도 있다. 우리 기업들도 코로나19 사태 이후 포스트 팬데믹 시대를 맞이해 일하는 방식 개편을 준비하고 있다. 그러나 그것이 전 조직적인 차원의 노력인지는 잘 모르겠다. 인사나 노사관계 등 관련 부서에서 좁은 시각을 가지고 소극적으로 대응하고 있는 것은 아닐까? 그래서는 직원들의 불만을 만드는 것에서 끝날 가능성이 크다.

일본의 실패에서
얻는 교훈

일하는 방식은 쉽게 바뀌지 않는다. 게다가 조직에 미치는 영향도 크기 때문에 신중한 접근이 필요하다. 우리보다 앞서 일하는 방식을 개혁한 일본은 우리에게 좋은 참고가 된다.

엄청난 잔업에 시달리던 한 대기업 신입 사원의 자살이 사회적 파장을 일으킨 2016년부터 일본 기업의 일하는 방식이 바뀌어야 한다는 목소리가 커졌다. 그러나 이 사건은 계기였을 뿐이다. 일본 기업은 일하는 방식을 바꿔야만 했다. 거기에는 몇 가지 이유가 있었다.

먼저 일본 기업은 G7 중 시간당 노동생산성이 가장 낮았다. 그리고 장시간 노동에 대한 인식이 매우 부정적으로 바뀌었다. 무엇보다 중요한 문제는 인구의 감소였다. 생산력을 유지하기 위해서는 여성과 노인 등을 일터로 끌어들여야 했지만, 장시간 노동이 일상적인 일본의 일하는 방식이 걸림돌이었다.

2016년 9월 아베 내각의 주도로 '일하는 방식 개혁'이 시작되었다. 기업도 정부의 노력에 적극적으로 호응했다. 일하는 방식 개혁에 대한 인식 수준이 높아지고, 참여하는 기업이 늘었음에도 그 성과는 아직 미미하다. 성과를 체감하는 기업이 적고, 구성원들은 불만을 터뜨렸다. 노동시간 감소와 생산성 향상 등 양적 지표 개선도 미미하다. 정부와 기업이 뜻을 모았음에도 성과는 만족스럽지 못했다.

일본이 실패한 원인은 크게 2가지로 요약할 수 있다.

우선 목표를 잘못 설정했기 때문이다. 일본 기업들은 생산성 향상보다 노동시간 단축에 집중했고, 그 결과 본질적인 개선으로 이어지지 않았다. 또한 실제 일하는 사람들의 참여가 부족했다. 많은 구성원이 개혁의 취지를 이해하지 못했고 일방적인 추진에 불만을 내비쳤다. 이는 결국 비협조와 냉소로 이어졌다.

권위적이고 위계적인 문화, 낮은 생산성, 고령화까지 우리와 유사한 점이 많은 일본 사례를 통해 우리는 같은 실수를 하지 않도록 일본을 반면교사反面教師 삼아야 한다.

눈에 보이는 노동시간을 목표로 하고 일방적인 방식을 택했다는 것은 결국 쉬운 방식에 의존했다는 것에 불과하다. 일하는 방식은 조직 전체에 뿌리를 내리고 있다. 절대 쉬운 방식으로 바꿀 수 없다.

10장
일의 본질을 흐리는
알박기들

한국 기업들은 잘한다고 소문난 외국 기업, 산업계를 뒤흔들며 등장하는 스타트업에 관심이 많다. 그리고 그들을 벤치마킹하려 노력한다. 과거에는 GE, 토요타가 있었고 현재에는 구글, 아마존 등이 있다. 그 효과를 논하기 전에 누군가를 보고 배우려는 자세는 칭찬받아 마땅하다. 스스로 되돌아볼 기회를 제공하기 때문이다.

문제는 많은 돈과 시간을 들여 배워온 기법들이 잘 적용되지 않는 경우가 많다는 것이다. 해봤는데 안 되는 경우는 물론이고, 마치 맞지 않는 옷을 입은 것처럼 느껴지는 기법들도 많다. 이는 기법 자체의 문제나 우리의 인프라 혹은 자원의 문제가 아니다. 그들의 '베스트 프랙티스'가 우리의 조직문화와 제도에 맞지 않기 때문이다. 일의 본질로 돌아가는 과

정도 마찬가지다. 일의 본질이 망가진 원인이 기업문화나 제도에 있다면, 기법을 생각하기 전에 먼저 그 배경을 살펴야 한다.

'알박기'란 말을 들어봤을 것이다. 재개발 지역의 땅을 미리 조금 사고, 지역 전체를 개발하려는 개발자와 흥정을 하며 땅의 가치를 높이는 행위를 뜻한다. 알박기 땅이 있다면 그 지역은 개발되기 어렵다. 잘못된 조직 문화와 제도는 일의 본질을 찾는 데 있어 '알박기'와도 같다. 우리 몸에 배어 있는 익숙한 문화와 제도는 바꾸기 어려울 뿐만 아니라 문제로 인식하기조차 쉽지 않다. 낯선 사람의 눈으로 문제를 바라보는 자기 객관화가 필요하다. 이번 장에서는 가짜 일을 만들고 일의 본질을 망가트리는 잘못된 문화와 제도를 살펴보고 어떻게 개선할 수 있을지 생각해보자.

:: 뿌리 뽑아야 할 권위주의 ::

한국의 기업문화는 권위주의적이다. 이는 이미 세계적으로 유명하다. 말콤 글래드웰Malcolm Gladwell의 베스트셀러《아웃라이어》는 한국의 권위주의를 세계에 알린 계기가 되었다. 1만 시간의 법칙으로 유명해진 책이지만, 한국인들이 그냥 지나칠 수 없는 내용이 책 속에 있었다. 1997년에 일어난 한국 여객기의 추락 사건이 경직되고 권위적인 조직문화 때문이라는 것이었다. 그는 권력거리지수PDI:Power Distance Index, 즉 위계질서를 강조하는 이 지수가 한국에서 특히 높으며, 그것이 항공기에 문제가 있음을 알고도 이야기할 수 없게 만들었다고 주장했다.

이제 우리나라에서도 예전 같은 권위적인 문화를 찾기 어렵다고 생각하는 사람들이 많다. 실제로 권위주의를 깨기 위한 기업의 다양한 노력이 있었다. 하지만 여전히 갈 길은 멀다. 외부인의 눈으로 봤을 때 우리는 여전히 권위적인 문화 속에서 살고 있다.

영국 BBC는 2019년 여름 한국의 꼰대를 소개했다. 그 기사에서 묘사하는 꼰대들은 시도 때도 없이 불필요한 조언을 하고, 절대적인 순종을 요구한다. BBC는 한국에 꼰대가 많아진 이유로 독특한 위계 문화를 꼽았다. 그 속에서 자라난 젊은 사람조차 점점 꼰대의 생활 방식을 택하게 된다고 설명했다. 사실에 근거하지 않은 편견과 오해가 아닐까? 그러나 기사에서 등장한 한국의 권위적인 문화의 예시를 보면 말문이 막힌다.

회의가 끝나면 당연하다는 듯 막내가 회의록을 정리해서 돌려야 한다. 저녁 회식을 위해 식당을 알아보고 예약하는 것도 식당에서 상사와 선배들의 수저를 깔고 물컵을 채워놓는 것도 막내의 몫이다.

"우리는 그런 짓 하지 않아"라고 자신 있게 말할 수 있는 조직은 많지 않을 것 같다. 우리가 아무렇지 않게 생각하는 것들이 타인의 눈으로 보면 특집 기사가 될 정도로 권위적인 모습인 셈이다.

권위주의 시대는 끝났다

우리는 왜 권위적인 문화를 갖게 되었을까? 오랜 군사 정권 경험에서 비롯된 계급주의와 권위주의가 사회에 뿌리를 내렸기 때문으로도 볼 수 있다. 학교와 군대, 심지어 집에서도 아무렇지도 않게 '군기'라는 단어를 쓴다. 보이지 않는 곳을 '사각지대'라고 하며, 어리숙한 사람을 '고문관'이라 표현한다. 지위나 직책을 무시하고 한판 붙자는 뜻을 '계급장 떼고 붙자'고 말하기도 한다. 프로 스포츠의 외국인 선수는 무조건 '용병'이다. 군사용어는 이미 우리 생활 곳곳에 자리 잡고 있다.

기성세대만의 이야기가 아니다. 당장 인터넷 검색창에 '학교 군기'로 기사를 검색해보자. 꼰대라고 하기엔 너무나 어린 대학생부터 중고생까지 학번과 학년을 내세워 후배들에게 갖은 꼰대질과 폭력을 행사하고 있다. 권위주의는 여전히 그 권위를 자랑하고 있다.

권위주의에도 나름의 장점은 있다. 생명을 잃을 수 있는 위험한 작전을 수행해야 할 때는 일사불란한 실행과 속도가 가장 중요하다. 상급자의 지시에 토를 달지 않고 수행해야 성공할 확률이 높아진다. 그 장점을 살리기 위해 군대는 위계와 권위를 택한 것이다.

문제는 모든 조직이 군대가 아니라는 점이다. 과거에는 원가를 낮추고 작업 속도를 높이면 선두 기업을 따라잡을 수 있었다. 군대식 운영이 잘 먹혔던 시대가 있었다. 그러나 그런 시대는 이제 끝났다.

권위 앞에 사람들은 기계가 된다

1963년 미국 예일 대학의 사회심리학자 스텐리 밀그램Stanley Milgram은 실험을 시작한다. 이 실험은 이후 복종 실험으로 널리 알려진다. 그는 반대편 방에 있는 사람에게 퀴즈를 내고 틀리면 전기충격으로 징벌했다.

사실 반대편 방에 있던 사람은 연기자였고, 실제로 전기충격을 가하지는 않았다. 연기자는 일부러 퀴즈를 틀렸고, 실험에 참여한 사람들은 전압을 높여가며 그에게 전기충격을 가해야 했다. 고통스러워하는 배우를 보며 일부 사람들은 고문을 거부했다. 그러나 진행자들은 권위적이고 고압적인 말로 전기충격을 계속 가할 것을 명령했다.

실험 전, 0.1%의 사람들만이 최고 전압인 450V까지 충격을 높일 것이라 예상했다. 그러나 결과는 달랐다. 무려 65%의 실험 참가자들이 "모든 책임은 내가 진다. 당신은 스위치만 누르면 된다"는 진행자의 말에 최고 전압을 배우에게 가했다. 진짜로 전기가 흐르는 상황이었다면 사람이 죽을 수도 있는 수준의 전압이었다.

이 실험은 사람들이 권위에 얼마나 약한지를 잘 보여준다. 사람들은 권위 앞에서 기계가 된다. 옳고 그름을 판단하는 능력이 사라진다. 권위적인 조직에서 명령에 따른 수행은 그 자체가 목적이 된다. 그 명령이 고객이나 실제 성과와 관련 없어도 그것을 비판할 수 있는 사람은 없다.

특별 대우를 원하는 리더

때때로 권위는 멀쩡한 사람을 썩게 한다. 전혀 그렇지 않던 사람이 적극적으로 나쁜 짓을 하는 사람이 된다. UC 버클리 대학에서 실시한 쿠키 몬스터Cookie-monster실험이 이러한 사실을 증명한다. 3명으로 구성된 팀원 중 1명을 리더로 지명하고 과제를 주었다. 리더에게는 나머지 2명이 수행한 과제에 대해 점수를 줄 수 있는 권한을 부여했다. 그리고 이들

에게 4개의 쿠키를 제공했다. 각자 하나씩 먹고 1개가 남았다. 이 실험의
진짜 목적은 남은 하나의 쿠키를 누가 먹는지 알아보는 것이었다. 매우
높은 확률로 리더가 그 쿠키를 집어 먹었다. 임의로 지정된 리더였음에
도 많은 리더가 남은 쿠키를 당연하다는 듯이 먹었다. 심지어 상당수의
리더가 과시하듯 입을 크게 벌리고, 부스러기를 흘려가며 먹었다.

이 연구는 권위주의의 위험성을 보여준다. 실력에 의한 것이든 그렇지
않든 남들보다 많은 권한을 갖는 사람들이 이익을 취하는 것에 대해 스스로
당연하게 여긴다는 것이다. 연구 결과는 고위직의 특권 의식과 자기 이익
추구를 설명하는 하나의 근거가 되었다.

조직의 촘촘한 위계와 그에 따른 권한은 도덕적 해이와 낭비를 가져온
다. 고위직으로 승진할 때마다 사람들은 특별 대우를 원하고, 조직이 그
것을 제대로 충족시켜주지 못하면 알아서 쿠키를 먹듯 스스로 이익을 챙
긴다. 촘촘한 위계와 권위로 무장한 조직일수록 고객보다는 의전과 특권
적 복리후생에 집착한다.

의사결정이 느린 이유는 명확하다

상사는 조직의 대리인 역할을 한다. 그러나 상사의 이해관계가 조직의
이해관계와 다른 경우 문제가 발생한다. 수평적인 조직이라면 부하가 상
사의 잘못된 행동을 지적할 수 있다. 그러나 상사의 권한이 크고, 절대복
종이 요구되는 권위적인 조직이라면 상사의 잘못을 지적하기 어렵다.

권위적인 조직의 상사들은 자신을 조직과 동일시한다. 그리고 개인의

이해에 따라 부하들을 줄 세워 편 가르기를 하며 사조직을 만들고 부하들의 충성 경쟁을 유도하기도 한다. 라인 혹은 파벌이 있거나 내부 경쟁이 문제가 된 조직들은 대부분 권위주의적이다. 이런 행위들이 일의 본질과 거리가 멀고, 조직에 해가 됨은 말할 필요도 없다.

　권위적인 조직에서는 소수의 리더에게 의사결정 권한이 집중돼 있다. 현장에서 결정할 수 있는 재량권이 적다. 모든 것을 보고하고 확인받아야 한다. 그 과정에서 불필요한 단계와 절차가 늘어난다. 의사결정 단계의 증가는 조직을 느리게 만든다. 많은 조직이 계층을 축소하기 위해 노력한다. 사원, 대리, 과장, 차장, 부장 등으로 쪼개져 있던 직급을 통합하고, 조직도상의 위계를 과감히 줄이기도 한다. 하지만 권위는 이런 노력을 물거품으로 만든다. 직급을 축소하거나 조직을 간소화한다고 문제가 해결되지 않는다. 권위적인 조직에서는 스스로 결정할 수 있는 문제라도 선배나 상급자에게 따로 물어봐야 한다. 공식적인 절차를 내세우며 묻지 않는다면 '건방지다'는 이야기를 들을 수 있다.

:: 가짜 성과주의 ::

2020년 3월 1일, 세기의 경영자로 이름을 떨친 GE의 전 회장 잭 웰치가 세상을 떠났다. 하지만 그가 1980년대 널리 퍼뜨린 유행은 아직도 건재하다. 바로 강제배분법에 의한 상대평가다.

직원들을 일정 비율에 따라 우수한 A 플레이어(20%), 중간 수준에 해당하는 B 플레이어(70%) 그리고 성과가 미흡한 C 플레이어(10%)로 나누고, 보상과 승진 기회 등을 A 플레이어에게 몰아주는 방식이다. 인재의 성과가 종 모양의 정규분포에 따른다는 가정에 따라 벨 커브Bell Curve, 잘하는 사람들을 더 잘하게 동기부여하고, 못하는 사람들을 내쫓아 조직에 활력을 불어넣는다는 의미에서 활력 곡선Vitality Curve이라고도 불린다.

이러한 방식이 과거에 없었던 것은 아니다. 하지만 하위 성과자라 해도 경고와 교육의 대상이 되는 것에 그쳤다. 잭 웰치는 달랐다. 하위 10%에 해당하는 인력을 해고했다. 가혹한 구조조정으로 잭 웰치는 '중성자폭탄'이라는 별명을 얻었다. 건물은 남기지만 사람은 사라지게 만든다는 의미다. 1990년대 이후 GE는 체계적인 경영관리로 다른 기업들의 교과서와도 같은 존재가 되었다. 많은 기업이 앞다투어 GE의 강제배분법을 도입했고, 유행은 그렇게 시작되었다.

철저한 성과주의라는 허상

우리 기업들도 다르지 않았다. 1997년 IMF 외환위기를 겪으면서 성과에 따라 처우와 보상을 결정하는 '성과주의'를 도입해야 한다는 목소리가 커졌다. 이에 많은 한국 기업이 강제배분법을 받아들였다. 이제는 강제배분법이 아닌 방식으로 직원을 평가하는 조직을 찾기가 더 어렵다. 이렇게 자리 잡은 성과주의는 나름의 성과를 거두었다. 기존의 온정주의 문화를 (적어도 명목상으로) 버리는 계기를 마련했고, 성과의 중요성을 인식하는 데도 기여했다.

그러나 지금의 모습이 이상적인 성과주의라고 말하기는 어렵다. 진정한 성과가 무엇인지에 대한 고민이 부족했기 때문이다. 서구 기업의 경우 '주주가치 제고'라는 비교적 명확한 성과 목표가 있었다. 그리고 서구의 직무 중심 인사는 개인의 성과를 정의하기에도 수월했다. 하지만 우리에게는 그런 기반이 없었다. 직무, 목표 모든 것이 불명확했다. GE의 방식을 도입하기 전에 이에 대한 고민이 필요했지만, 그러기에 우리는 성미가 너무 급했다.

성과에 대한 정의가 분명하지 않으면 성과주의는 작동하지 않는다. 상대평가로 인해 불리한 처우를 받는 사람들의 반발도 커진다. 이런 상황에서 '경쟁=효율성'이라는 등식이 진리처럼 받아들여지면서 경쟁보다 협업이 중요한 곳까지 강제배분법이 도입되었다.

강제배분법은 장점이 많은 제도다. 그러나 제도를 올바르게 시행하기 위해서는 기반과 경험이 필요하다. 우리는 고민하는 과정을 건너뛰고, 껍데기라고 할 수 있는 프레임만 냉큼 도입했다.

원조가 버린 레시피, 숭배의 대상이 되다

널리 알려진 사실이지만, 가혹한 성과주의의 원조 맛집인 GE는 더 이상 과거와 같은 강제배분법을 적용하고 있지 않다. 잭 웰치가 GE를 떠난 이후부터 극단적인 해고는 자취를 감췄다. GE는 협력에 신경쓰기 시작했다. 강제배분법이 생각만큼 효과가 없었기 때문이었다.

스탠퍼드 대학의 제프리 페퍼와 로버트 서튼 교수는 "강제배분법이 성과를 높인다는 증거가 없다"는 견해를 내놓았다. 구성원의 성과 분포가 정규 분포를 따른다는 가정 자체가 잘못됐으며, 사기 저하, 충성심 감소, 이기적인 행동의 유인 등 부작용을 고려해야 한다는 주장이다.

품질 전문가인 에드워드 데밍Edward Deming은 "매년 실시하는 강제배분에 의한 상대평가가 단기 성과주의에 힘을 실어주고, 장기 계획은 소멸시키며, 조직에 두려움을 심고, 협력을 사라지게 하며, 내부 경쟁과 정치질을 심화시킨다"고 했다. 특히 하위 15%를 해고하는 강제배분법을 운영한 엔론이 성과는커녕 미국 경제를 뒤흔드는 충격을 남기고 망한 것도 제도에 대한 의문을 키웠다.

유행은 끝나고 있다. 2012년 어도비를 필두로 강제배분법을 버리는 기업이 늘고 있다. 마이크로소프트는 2013년 강제배분법이 조직의 에너지를 평가와 내부 경쟁에 쏠리게 만들어 잃어버린 10년의 원인이 되었다고 하면서 제도의 폐기를 선언했다. 이외에도 액센츄어, 골드만삭스, 의류업체인 갭, 딜로이트 컨설팅 등 수많은 회사가 이와 같은 움직임에 동참하고 있다. 이미 이 제도를 받아들였던 원조들이 문제를 깨닫고 개선책을 찾고 있다. 그러나 우리는 여전히 이 제도를 교과서처럼 생각하고 있다.

가짜 성과주의가 일을 망치는 이유

원조가 버렸다고 꼭 따라서 버려야 하는 것은 아니다. 더 높은 수준으로 발전시킬 수도 있다. 대표적으로 유학儒學이 그렇다. 중국에서 시작되었지만, 우리의 수준은 원조에 뒤지지 않을뿐더러 사상적 깊이에서 더 높은 성과를 인정받고 있다.

다만 전제가 필요하다. 제도를 들여온 것에 만족하지 말고 더 깊은 고민과 토착화를 통해 수준을 높여야 한다. 하지만 지금의 우리가 논의와 고민을 통해 '진정한 성과주의'를 만들었다고 보기는 어렵다. 성과주의는 조직 전체에 지대한 영향을 준다. 일의 본질을 찾는 과정에도 마찬가지다. 가짜 성과주의가 일하는 방식에 어떤 나쁜 영향을 주는지 살펴보자.

가짜 성과주의는 평가를 왜곡시킨다. 우리는 아직도 계량화된 목표가 낯설다. 목표를 계량화하고 이를 사전에 합의하는 방식에 익숙하지 않다. 상사 역시 정해진 목표만으로 평가해야 하는 방식을 평가권 침해로 받아들이기도 한다. 그에 앞서 사전에 목표를 설정하는 방법론에도 익숙하지 않다. 복잡한 조직에서는 객관적인 성과지표를 만들기도 어렵다. 하지만 어떻게든 상대평가를 위한 근거는 만들어야 한다. 그래서 성과와 관계없는 태도나 투입 등이 평가의 기준이 된다. 성과가 아닌 것으로 성과를 평가하는 모순이 발생하는 것이다. 이런 모순 속에서 구성원들은 제도를 악용한다. 성과를 내기보다 평가에 유리한 행동만을 한다. 상사들도 마찬가지다. 상대평가의 권한을 부하들을 통제하는 수단으로 악용한다. 제도의 불신과 악용 속에서 진정한 일은 사라지고, 나를 드러내고 경쟁자를 누르기 위한 가짜 일이 등장한다.

가짜 성과주의는 당장 눈앞의 것에 몰입하게 한다. 최저 등급을 받으며 밑을 깔아주던 동료가 조직을 떠났다. 작년에 낮은 등급을 받고 회사를 떠난 동료의 모습이 올해의 내 모습일 수도 있다. 긴 호흡으로 제대로 일하고 싶어도 당장 내년에 해고될 수 있다면 눈앞의 목표만 보고 달릴 수밖에 없다.

가짜 성과주의의 가장 큰 폐해는 불필요한 내부 경쟁에 힘을 낭비하게 만든다는 것이다. 시장에서의 성과보다 동료와의 내부 경쟁이 나의 미래를 좌우한다면 어떨까? 누구라도 경쟁사가 아닌 동료에게 눈을 돌릴 것이다. 내가 잘하는 것 이상으로 남이 못하는 것이 중요해진다.

:: 회사가 전쟁터라면 직원은 헌신하지 않는다 ::

"회사가 전쟁터라고? 회사 밖은 지옥이다." 웹툰 〈미생〉에 나왔던 대사다. 누구나 들으면 바로 이해할 수 있을 정도로 치열한 경쟁을 잘 표현한 말이다. 그러나 저 대사는 경쟁과 생존의 냉엄한 현실을 표현한 말이지, 일터를 전쟁터로 만들라는 말이 아니다. 치열하게 일하다 보면 때로는 언성이 높아질 수도 있고, 얼굴을 붉힐 수도 있다. 개인의 개성과 다양성을 모두 품어주기 어려울 수도 있다. 하지만 그러한 치열함이 구성원을 비인격적으로 봐도 된다는 의미는 아니다. 그런 조직을 위해 헌신하고 몰입할 구성원은 없다.

IMF 외환위기 이후, 구조조정이 일상화되면서 직장에서 배려와 존중을 찾기 어려워졌다. 엄정한 평가와 노동의 유연화라는 원래의 목적을 넘어 인간을 도구로 취급하는 관행과 무례함이 자리 잡았다. '평생직장'은 박물관에서나 찾을 수 있는 단어가 되었다. 여러 형태의 비정규직이 늘면서 조직과 개인의 관계는 일회용으로 바뀌었다.

정규직의 세계라고 다르지 않다. 전쟁터 같은 일터에서 진짜 전쟁과 같은 일이 벌어진다. 산업안전보건연구원의 2014년 조사에 따르면, 일터에서 언어폭력, 신체적 폭력, 굴욕적 행동을 경험했다는 노동자의 비율이 2010년에 비해 일제히 높아졌다. 선망의 대상이던 법조인, 의료인도 과도한 업무와 인격 모독을 견디지 못해 스스로 생명을 끊기도 한다. 이제 배려와 인간미는 조직에서 찾아보기 어려운 사치품이 되었는지도 모른다.

인격이 사라진 빈자리, 가짜 일과 사이코패스가 채운다

인간을 도구로 보는 시각과 인본주의는 상충할 수밖에 없다. 상호보완의 관계가 되기도 어렵다. 한쪽의 장점이 다른 쪽의 문제점이 되는 관계기 때문이다. 목표를 가지고 성과를 내야 하는 조직에서는 당연히 인간을 도구로 보는 시각이 앞선다. 그러나 우리는 최후의 인간미를 지키기 위해 노력해야 한다. 우리가 인간이기 때문에 그래야 한다는 것만이 아니다. 인간미가 사라진 조직에서 구성원들은 가짜 일을 하기 때문이다.

이기심은 인간성이 사라진 빈자리를 채운다. 많은 학자가 이기심의 부작용을 최소화하는 방법으로 장기적인 관계의 구축을 제시한다. 앞으로 계속 만나야 하는 상대에게는 이기심을 버리고 협조할 가능성이 크다는 것이다.[35] 누구나 오래 볼 사람과 오늘만 보고 안 볼 사람을 다르게 대한다. 인간이 이기심을 누르는 조건 중 하나가 '장기적인 관계'라는 것이다. 하지만 인간성이 사라진 조직에서는 이기심을 참을 이유가 없다. 비인간적인 조직에서 가짜 일의 동력이 되는 이기심이 폭발한다.

비인간적인 조직에서 구성원의 몰입은 사라진다. 마키아벨리Niccolò Machiavelli는《군주론》에서 이런 이야기를 했다. "군주는 자국의 시민으로 구성된 군대로 싸워야 하며, 용병에 의지해서는 안 된다. 용병은 분열하고, 개인적인 야심이 과도하며, 신의가 없을 뿐만 아니라, 적군을 만나면 비겁해지기 때문이다." 오직 돈만을 위해 일하는 용병은 군주를 위해 목숨 바칠 이유가 없다. 가능하다면 받은 돈만큼도 일하지 않고 자신을 지키는 것이 그들에게 최선이다. 그런 태도를 지닌 용병들을 믿고 전쟁을 벌이면 지는 것이 당연하다. 인간미가 사라진 조직, 단기적인 관계만 있는 조직의 구성원은 용병과도 같다. 용병은 주인의식이 없다. 이해관계가 있을 뿐 상호 이해는 없다. 적게 일하고 많이 받는 것에만 관심 있다. 조직이 망하면 다른 조직으로 옮기면 그만이다. 이들은 건성으로 일하며 개인의 이익만을 생각한다.

습하고 어두운 환경에서 곰팡이가 자라나듯, 인간미가 사라진 조직에 사이코패스가 넘친다. 심리 전문가들은 "양심, 공감, 죄의식 등이 없는 직원들이 장기적인 관계가 사라지고, 수단을 가리지 않고 개인의 성과만 중시하는 환경을 좋아한다"고 말했다. 이런 환경에서 사이코패스 성향을 지닌 사람이 두각을 나타낼 가능성이 크기 때문이다.[36] 문제는 거기서 그치지 않는다. 사이코패스들이 저지르는 행동은 강한 전염성을 가지고 있다. 모방과 학습을 통해 유해한 행동이 전염병처럼 빠르게 번지는 것이다.[37] 사이코패스들은 조직의 일하는 방식을 극적으로 망쳐놓는다. 이들은 아무런 가책 없이 이기심만을 추구하며 동료를 방해한다.

:: 어떻게 바꿀 것인가? ::

지금까지 일하는 방식을 바꾸는 데 걸림돌이 될 수 있는 조직문화와 제도를 살펴봤다. 조직에 깊이 뿌리박힌 문제들은 쉽게 바꿀 수 없다. 마치 습관처럼 조직에 스며들어 있기 때문이다. 나무를 키우듯 인내심을 가지고 꾸준히 바꿔가는 것이 어쩌면 유일한 해법이다. 이를 위한 몇 가지 방법에 대해 살펴보자.

잘못된 부분은 드러내야 한다

사람들은 자신들의 문화가 잘못되었다는 사실을 인식조차 못하고 있다. 살아오면서 아무런 불편을 느끼지 못했기 때문이다. 권위주의, 가짜 성과주의, 비인간적 경영 관행 역시 원래 그런 것으로 받아들인다.

이런 상황에서 가장 먼저 해야 할 작업은 이러한 조직문화가 과연 바람직한지 논의해보는 것이다. 그리고 난상토론을 통해 사람들의 생각을 모아 정리해야 한다. 문화에는 정답이 없다. 조직문화에 대해 구성원들이 어떻게 생각하는지, 과연 그것이 적합한지 토론을 통해 방향을 모아가야 한다. 문화는 지시만으로 바꿀 수 없다. 많은 사람이 납득해야 바꿀 수 있다.

IBM은 조직문화를 바꾸기 위해 2003년 온라인 토론 '밸류 잼Value Jam'을 실시했다. 당시 CEO 사무엘 팔미사노Samuel Palmisano의 주도하에 전 세계 임직원이 72시간에 걸쳐 회사의 가치와 방향성에 대해 인트라넷으로 토론을 벌였다. 첫 24시간은 구성원들의 불만과 비난이 폭주했다. 경영진은 주가밖에 모른다며 비난과 지적이 여과 없이 쏟아졌다. 토론이 격해지자 일부 경영진은 CEO에게 중단을 건의하기도 했다. 그러나 시간이 지나면서 달라졌다. 구성원들은 허심탄회한 논의를 통해 대안을 내놓기 시작했다. 3일간의 격렬한 토론이 끝났다. 회사는 그 내용을 바탕으로 새로운 가치를 제안했고, 잘못된 관행을 바꾸는 작업을 수행했다. 경영진이 미처 몰랐던 그리고 말할 기회가 없었던 다양한 이야기들이 나왔다. 또한 토론을 통해 구성원들로부터 새로운 문화를 만들기 위한 지혜와 공감을 얻을 수 있었다.

작은 성공 경험을 만들어야 한다

조직문화는 슬로건만으로 바뀌지 않는다. 회의에서 같은 이야기를 반복한다고 바뀌는 것도 아니다. 어떤 문화를 바꿀 때 가장 중요한 것은 말로 설명하는 것이 아니라 행동으로 보여주는 것이다. 조직문화는 과거의 체험에서 비롯된 경우가 대부분이다. 그것을 다른 체험으로 바꿔주면서 할 수 있다는 자신감을 심어주어야 한다. 조직 전체가 한꺼번에 변화할 필요는 없다. 아주 작은 움직임도 좋다. 거기서부터 시작하면 된다. 작은 성공 경험이 조직 전체로 퍼져나갈 것이다.

페이스북의 해커톤hackathon이 대표적인 성공 사례다. 혁신 기업의 대표주자 페이스북이라 해도 모든 구성원이 늘 혁신적으로 일하는 것은 아니다. 조직이 커지면 관행이 생기기 마련이다. 해커hacker 정신을 강조하는 페이스북은 구성원들이 혁신 정신을 잊지 않도록 다양한 기회와 경험을 제공한다. 구성원들은 6~8주 주기로 하루를 선택해 자신의 아이디어를 바탕으로 자유롭게 팀을 구성한다. 그리고 밤을 꼬박 새워 아이디어의 실행 방안을 만든다. 밤새워 일하는 것은 힘들지만 자신이 구상한 내용을 현실화할 기회를 얻을 수 있어 직원들의 호응은 매우 높다. 물론 모든 시도가 성공으로 이어지는 것은 아니다. 그러나 타임라인, 채팅 등 페이스북의 주요 기능이 해커톤을 통해 만들어졌다는 사실은 이 하룻밤의 혁신이 결코 작지 않음을 보여준다.

해커톤은 구성원들에게 아이디어를 실행해볼 수 있는 기회를 제공한다. 그리고 스타트업의 혁신 정신을 직원들에게 심어주는 페이스북의 상징적인 문화로 자리매김하고 있다.

변화에는 이유가 필요하다

애써 조직문화를 바꾸자고 해놓고 제도와 조직에 손대지 않는다면 그

문화가 바뀔 가능성은 매우 적다. 뿐만 아니라 "역시 말뿐이군"이라는 구성원들의 냉소를 듣게 될 수도 있다.

권위적인 조직문화를 깨고 싶다면 직위에 따라 차등하는 불필요한 처우나 의전을 줄여야 한다. 말로만 권위주의가 없어져야 한다고 주장하는 것은 아무런 의미가 없다. 단기적인 재무성과만을 가지고 구성원을 평가하는 제도를 유지하면서 고객과의 장기적인 관계를 구축해야 한다는 것도 허무한 주장이다. 각자가 스스로 의사결정을 해야 한다면서 모든 전결권한을 상사에게 몰아주는 것도 우스운 일이다. 조직의 제도가 문화의 변화를 유도하는 방향으로 먼저 바뀌어야 한다.

듀폰DuPont은 2010년부터 매출액 30% 이상이 최근 4년 내에 만들어진 혁신에서 나와야 한다는 원칙을 적용하고 있다. 그리고 이 목표 달성 여부를 외부에 지속적으로 공표한다. 목표를 실현하기 위해 신사업 개발과 사업 포트폴리오 개편에 꾸준히 힘쓰고 있다. 신사업을 향한 열정을 말이 아닌 제도로 관리하는 것이다. 1800년대 초, 화약회사로 시작해 '포춘 500'에 속한 제조업체 중 가장 오랜 역사를 자랑하는 회사로 거듭난 데에는 꾸준하고 확고한 변화 의지를 제도로 구체화한 것이 큰 역할을 했다고 볼 수 있다.

낯설더라도
불편함 속으로

일의 본질을 찾기 위해서는 잘못된 조직문화와 제도를 바꿔야 한다. 잘못된 조직문화와 제도는 알박기와 같다. 잘못된 조직문화를 낯선 사람의 눈으로 바라보고, 어떻게 바꿀 수 있을지 생각해야 한다.

일의 본질을 망가트리는 3가지는 권위주의, 가짜 성과주의, 비인격적인 조직운영이다.

먼저 권위주의다. 군사정권 경험에서 비롯된 권위주의는 아직도 우리 조직 곳곳에서 맹위를 떨치고 있다. 권위적인 조직은 구성원을 기계로 만들어 생각하는 능력을 마비시킨다. 또한 내부정치나 의전과 같은 각종 비효율을 발생시킨다.

두 번째 가짜 성과주의다. 무엇이 진정한 성과인지 고민이 부족한 상황에서 도입한 강제배분법에 따른 상대평가는 많은 문제를 낳고 있다. 가짜 성과주의는 단기성과에 집중하게 만들고, 시장에서의 성공보다 동료와의 내부 경쟁에 초점을 두게 만든다. 그 과정에서 수많은 가짜 일들이 생긴다.

세 번째 비인격적 조직운영 관행이다. 유연한 인력 운영과 엄정한 평가를 명목으로 일터를 진짜 전쟁터로 만드는 것이다. 인간미를 상실한 조직은 성과를 내는 데 불리하다. 인간성이 사라진 조직의 구성원들은 이기적이고 일에 몰입하지 않는다. 무례한 행동을 일삼는 구성원들이 늘어나면서 협력은 점점 사라진다.

잘못된 조직 풍토를 바꾸기 위해서는 무엇이 잘못된 조직문화인지 구성원들이 터놓고 이야기할 수 있어야 한다. 잘못된 조직문화는 한번에 바꿀 수 없다. 작은 성공을 경험함으로써 할 수 있다는 자신감을 얻는 것이 중요하다. 마지막으로 제도를 통해 조직문화를 바꿔야 하는 이유를 제시해야 한다.

심장에 이상이 생겨 수술한 사람 중에서도 의사의 조언을 받아들여 생활 방식과 식이 요법을 바꾼 사람은 겨우 10%에 불과했다는 연구 결과가 있다. 생명의 위험 앞에서도 사람은 익숙한 것을 바꾸려 하지 않는다. 조직의 문화와 풍토 역시 여간해서 바뀌지 않는다. 불편함이 싫기 때문이다. 하지만 당장의 편함만을 추구한다면 변화는 불가능하다. 변화는 불편을 무릅쓰고 낯선 곳에 발을 내디딘 사람만 얻을 수 있는 결과다.

일하는 방식을 바꿀 때
잊지 말아야 할 3가지

일의 본질이란 누군가 딱 부러지게 정의하는 것이 아니라 세상의 변화에 발맞춰 만들어가는 것이다. 누군지 알 수 없는 최초의 인간이 일을 시작한 이후 수십만 년이 흘렀다. 그 길고 긴 시간 동안 많은 사람이 일에 대해 생각했지만, 아직도 일의 본질을 명쾌하게 정의내리지 못했다. 이 책을 통해 모든 것이 깔끔하게 정리될 것이라 기대하지는 않는다. 그래도 이 책이 일의 본질을 찾아가는 과정을 비춰주는 하나의 반딧불이 되길 바란다. 한 명의 독자라도 그렇게 느꼈다면 이 책을 위해 했던 나의 '일'은 본질에 다가간 것이다.

일의 본질을 찾는 과정 그리고 일하는 방식을 바꾸는 과정에서 우리가 잊지 말았으면 하는 3가지 키워드를 정리함으로써 책을 마무리하고자 한다.

:: 상상력 ::

후쿠시마 원전 사고의 진짜 원인, 효율화

"상상력의 대척점에 있는 것 중 하나가 효율입니다." 소설가 무라카미 하루키가 그의 책《직업으로서의 소설가》에서 한 말이다. 그는 후쿠시마 원전 사고의 주요 원인은 맹목적으로 효율만을 추구한 어리석음에 있다고 주장한다. 그리고 그 이면에는 획일적인 교육의 부작용이 있었다는 말도 덧붙인다.

하루하루 바쁘게 일하는 사람들은 이것을 팔자 좋은 소설가의 말로 무시하고 넘어갈지 모른다. 먹고 살기 힘든데 상상력이라니. 하지만 그냥 넘어가기에는 뭔가 걸리는 것이 있다.

실제로 일본 동북부를 뒤흔든 지진이 발생한 이후, 후쿠시마 원전이 폭발하기 전까지 최악의 상황을 막을 기회가 여러 번 있었다. 하지만 원전 폭발을 막기 위해 준비되어 있던 수많은 사전, 사후 대책들은 비용 절감이라는 이유로 인해 허무하게 무너졌다.

예를 들어보자. 후쿠시마 원전은 지진과 동시에 폭발하지 않았다. 지진 다음 날 원자로에 해수를 주입해 온도 상승을 막았다면 원자로의 폭발을 막을 수 있었다. 그러나 원자로라는 '비싼 자산'을 포기할 수 없다는 이유로 이 대책은 채택되지 않았고, 결국 원자로 가격의 몇 배인지 계산조차 할 수 없는 큰 손실로 이어졌다. 이런 사정을 듣고 나면 하루키의 지적을 속 편한 소설가의 말로 깎아내리기 어렵다.

투입만을 줄인다는 것

앞서 진짜 일은 생산성을 목표로 해야 한다고 말했다. 그러면서 생산성의 공식, 투입대비 산출 중 투입에만 집중하는 우를 범해서는 안 된다는 이야기도 했다. 산출을 무시하고 투입량을 줄이려는 태도가 '효율성'이다.

물론 효율은 무시할 수 없다. 경쟁자보다 효율이 떨어진다면 우리는 효율을 극대화해야 한다. 하지만 산출하려는 노력이 사라져서는 안 된다. 투입을 줄이는 노력에는 결국 한계가 있기 때문이다. 투입을 '0'으로 만드는 것은 애초에 불가능하다. 투입이 0이라는 이야기는 결국 사람이 없는 조직, 조직이 아닌 조직이라는 의미다.

게다가 투입만을 줄이려는 접근은 결국 아낀 것보다 훨씬 더 많은 것을 잃는 결과를 낳는다. 설계와 다른 값싼 자재를 사용해 무너진 건축물, 꼭 필요한 안전 조치에 들어갈 비용을 아낀 것이 품질 문제로 이어져 고객을 잃거나 막대한 배상 책임을 물어 쓰러진 기업 등, 산출에 대한 고민 없이 투입만을 줄이려는 효율 중심 사고가 무리수로 이어진 경우는 너무도 많다.

이러한 사실을 알고 있는 우리가 투입을 줄이는 데에 힘을 쏟는 이유는 간단하다. 더 많이 산출하는 것보다 투입을 줄이는 것이 쉽기 때문이다. 투입물은 눈앞에 보이고 통제할 수 있다. 확인할 수 있고 손으로 잡을 수 있다. 이미 알려진 그리고 내가 익히 알 수 있는 확실성의 영역이다. 하지만 산출물은 이야기가 다르다. 산출물이 어떻게 나올지는 누구도 알 수 없다. 미래의 일이기 때문이다. 조직 안에서 돌아가는 투입물과 달리 산출물은 시장과 고객의 뜻이 중요하다. 당연히 내 마음대로 통제할 수도 없다. 상상력과 창의성을 바탕으로 해야 하는 미지의 영역이다.

생산성 = 효율성 + 상상력

다시 무라카미 하루키의 말로 돌아가 보자. 효율을 추구해야 하는 것이 기업의 숙명이라면, 효율을 추구하는 가운데 상상력을 더해야 한다. 효율과 상상력이 배타적이라고 생각할 필요는 없다.

상상력에서 창의성이 나오고, 창의성에서 새로운 기회가 생긴다. 그리고 그것은 곧 산출물 증가를 의미한다. 상상력은 더 많은 산출물의 원천이 될 수 있다. 투입은 현재의 투입물을 0으로 만드는 수준 이상으로 줄일 수 없다. 하지만 산출은 다르다. 0에서 시작하지만 한계가 없다. 어려운 일이기에 누군가가 따라 하기조차 쉽지 않다.

이제 투입과 산출 중 투입에만 집착하는 효율성을 버리자. 산출의 확장에 주목해보자. 그것이 진정한 의미의 생산성이다. 효율성과 생산성의 공식은 같다. 공식은 바뀌지 않는다. 바뀌야 할 것은 우리의 자세와 눈길이 향하는 곳이다. 비용을 줄이는 것만으로 큰 재미를 볼 수는 없다. 더 적은 비용보다는 더 많은 성과에 초점을 두는 변화가 필요하다. 가만히 있어도 성장하는 시대가 끝난 지금은 더욱 그렇다.

:: 도전 ::

길 잃은 새의 지혜

"따뜻한 남쪽 나라에 가려다 길 잃은 새가 전남 신안군의 무인도에서 발견됐다. 환경부 국립공원공단은 2018년 8월 다도해해상국립공원의 칠발도에서 조류 모니터링 중 발견된 새 한 마리가 한국에서 이제까지 발견되지 않은 미기록종 '덤불개개비'로 확인됐다고 밝혔다. 덤불개개비Acrocephalus Dumetorum는 개개비과에 속하는 크기 12cm 정도의 소형 조류다. 유럽 동부인 핀란드 남부부터 중앙아시아의 아프가니스탄 일대, 시베리아까지 폭넓게 서식한다. 날이 추워지면 인도, 스리랑카, 미얀마 등 따뜻한 나라에서 겨울나기를 한다. (중략) 연구진은 이 새가 기존 분포지에서 벗어난 '미조'로 보고 있다. 흔히 '길 잃은 새'라고 하는 미조는 태풍 같은 기상변화나 알 수 없는 이유로 정해진 경로를 벗어나 원래 그 종이 찾아오지 않던 지역에 나타나는 것을 의미한다."

- 〈경향신문〉 2019년 2월 27일

'길 잃은 새'로 신문기사를 검색하면 의외로 앞과 같은 기사들이 많이 나온다. 우리나라에 살지 않는 철새 혹은 이동하지 않는 다른 지역의 텃새가 전혀 엉뚱한 방향으로 날아 우리나라에 나타나는 것이다. 길 잃은 새들은 대부분 바람에 떠밀려 오거나 혹은 먹이를 쫓다가 길을 잃은 경우다.

길 잃은 새는 극히 소수이고, 또 대부분은 무리에서 이탈해 새롭게 찾은 땅에서 정착하지 못하고 죽는 경우도 많다고 한다. "별 멍청한 새들도 다 있군" 하고 무심히 넘기면 될 일이다. 하지만 어쩌면 길 잃은 새가 있다는 사실은 그 새의 무리 혹은 종種이 변화하는 환경 속에서 살아남을 수 있도록 하기 위한 자연의 안배일지도 모른다.

현재는 과거의 도전이다

길 잃은 새는 대부분 한 번 나타나고 마는 경우가 많다고 한다. 그러나 때로는 전혀 다른 결과가 나타나기도 한다. 한 마리였던 미조가 해가 지나면서 조금씩 늘어나, 나중에는 전체 무리가 새로운 지역으로 서식지를 옮기는 경우가 발생한다. 왜일까? 그 이유는 굳이 새에게 물어보지 않더라도 쉽게 추측할 수 있다. 새로 찾아낸 곳이 더 좋기 때문일 것이다.

이런 관점에서 보면 미조는 길 잃은 멍청한 새가 아니다. 더 좋은 서식 환경을 찾아 부지런히 탐색하는 용감한 탐험가라고 할 수 있다. 결국 모든 철새는 길 잃은 한 마리 새가 찾아낸 곳을 근거로 살아가고 있다.

기업도 다르지 않다. 지금의 기반은 모두 과거의 누군가가 '바보 같은 일'이라는 비난과 '시킨 일이나 똑바로 해'라는 질책을 극복하고 도전했던 일의 결과다. 단지 현재에 충실했다면, 도전하지 않았다면 우리는 아직도 돌을 깨 도구를 만들고, 나무를 비벼 불을 피우는 수준에서 크게 벗어나지 못하고 있을지도 모른다.

길 잃을 기회를 주는 조직

경쟁이 치열해지고, 압박이 심해지면 생존이 절대적인 과제가 된다. 이런 상황에서는 가지고 있던 모든 사람과 기능을 유지하기 어렵다. 살아남기 위해서는 몸을 가볍게 하고 군살을 제거해야 한다. 그 과정에서 우리는 미래를 탐색하고 준비하는 기능을 버려야 하는 첫 번째 희생물로 삼는다. 당장 성과를 내지 못한다고 보기 때문이다. 지금 배가 고프다는 이유로 내년에 뿌릴 씨앗까지 털어먹는 것이다.

진정한 일은 조직의 목표와 성과에 기여한다. 그러나 목표와 성과를 바라보는 시각에는 '장기적'이라는 말이 붙어야 한다. 내일의 가능성을 앗아가는 오늘의 성과는 성과가 아니다. 그런 조직은 오래갈 수 없다.

철새 무리와 마찬가지다. 당장은 모든 무리가 한 방향으로, 이미 알고 있는 서식지로 날아가는 것이 가장 효율적이다. 다른 방향으로 날아간 소수의 길 잃은 새들은 대부분 돌아오지 못하고 무리에 도움 되지 못한다. 하지만 한 마리도 잃지 않겠다는 극단의 효율성을 추구하는 무리는 서식지의 환경이 바뀌는 순간 갈 곳을 잃고 순식간에 멸종한다. 누군가는 새로운 길을 찾아야 한다.

어떤 조직들은 마치 별동대처럼 움직이는 조직을 따로 두기도 한다. 사내 벤처나 스타트업 형태의 작은 자회사를 운영하는 것이다. 공식적이고 체계적으로 길 잃은 새와 같은 조직을 운영한다. 여유가 있다면 이런 방식도 괜찮다. 하지만 살아가는 것이 빠듯한 조직에는 이런 방식도 쉽지 않다. 또한 별동대를 잘못 운영하면 '일은 하지 않고 놀기만 하는 베짱

이 조직'으로 찍혀 괜한 분란을 일으킬 수도 있다.

새롭게 바뀐 노동환경은 어쩌면 기회가 될 수 있다. 전보다 늘어난 여가와 시간 속에서 구성원들은 새로운 아이디어와 기회를 찾을 수 있다. 조직에 대한 충분한 애정과 몰입이 있다면, 업무 외 시간에도 조직의 미래를 고민할 수 있다. 업무시간에도 마찬가지다. 휴식 후 떠오른 아이디어를 밑거름으로 더욱 창의적이고 다양한 대안을 만들 수도 있다.

위기가 곧 기회라는 말을 단순한 구호로만 생각할지 아니면 정말로 기회로 만들지는 우리 손에 달려 있다. 줄어든 노동시간을 제약으로만 바라보고 불만을 토로한다면 아무것도 변하지 않는다. 하지만 그 안에서 기회를 찾는다면 새로운 세상을 만날지도 모르는 일이다.

:: 만돌라 ::

2개의 원이 만나는 곳, 만돌라

머릿속에 2개의 원을 그려보자. 그리고 2개의 원 일부를 겹쳐보자. 아래위가 뾰족한 타원형에 가까운 모양으로 겹치는 부분이 생긴다. 이 부분을 만돌라Mandorla라고 한다. 이탈리아어로 아몬드를 뜻한다. 그 모양을 생각해보면 쉽게 이해할 수 있을 것이다.

우리가 만돌라를 찾을 수 있는 곳은 수학 교과서뿐만이 아니다. 종교화, 즉 성화聖畫에서 이 만돌라의 형태를 자주 목격할 수 있다. 주로 성자들의 뒤에 후광이 나타나면서 그 속에서 만돌라의 모습을 찾을 수 있다. 만돌라의 형상은 기독교, 불교 할 것 없이 많은 종교의 성화에서 공통적으로 찾을 수 있다. 여러 종교에서 만돌라를 성스러움의 상징으로 사용한다는 뜻이다. 이러한 사실은 어쩌면 성스러움이란 어느 한쪽에 치우침 없이 모든 것을 포괄하는 공통분모 속에 있다는 뜻일지도 모른다.

일의 본질을 찾아가는 과정

조직에서 가치가 상충하는 문제는 자주 발생한다. 회사와 노동자는 전혀 다른 관점에서 일을 바라본다. 일과 개인 생활이 충돌하기도 한다. 정규직과 비정규직의 이해가 다르고, 사무직과 생산직의 이해관계도 다르다. 지금의 성과와 내일의 성과가 상충하기도 한다. 작게는 나의 일과 동료의 일이 충돌하는 경우도 있다. 앞서 살펴봤던 것과 같이, 일을 위한 투입과 산출의 관계도 그렇다. 이렇게 '일'이라는 하나의 주제를 놓고 관점에 따라 너무나 많은 의견이 엇갈린다.

일을 둘러싼 다양한 가치와 의견이 충돌할 때 과연 어떻게 해야 할까? 어떤 것이 정답일까? 현명한 독자라면 이미 답을 알고 있을 것이다. 어느 한쪽을 선택하는 것은 정답이 아니다. 상충하는 모든 가치와 의견은 다 나름의 근거와 이유가 있기 때문이다.

일의 본질을 찾아가는 과정은 서로 상충하는 가치를 잘 어우러지게 만드는 과정이다. 서로 모순되지만 소중한 가치들을 완전하지 않더라도 조금씩 일치시키는 것이 일의 본질을 찾아가는 과정이라는 뜻이다. 일의 본질을 찾기 위해 여러 모순을 어우르는 과정이야말로 패러독스 경영 Paradox Management의 가장 대표적인 예라고 할 수 있다.

하지만 언제나 '회색분자'는 환영받지 못한다. 줏대 없는 기회주의자로 보이기에 십상이다. 특히 성과를 놓고 경쟁해야 하는 상황에서 선명성처럼 나를 드러내기 쉬운 방법도 없다. 그래서 우리는 쉽게 어느 한쪽을 선택해야 한다는 유혹에 빠지고 거기서 많은 문제가 발생한다.

대립하는 것이 당연하다

우리의 문화는 '쌍'을 중시한다. 광화문 앞에 있는 해치 상은 2마리다. 어느 사찰이나 2명의 금강역사가 문을 지키고 서 있다. 불국사의 석가탑과 다보탑 역시 마주보고 있다. 이 모든 것은 음이 끝나는 곳에서 양이 시작하고, 양이 끝나는 데서 음이 시작한다는 동양 사상에서 비롯되었는지도 모른다.

서로 다르게 생각한다는 것을 반드시 서로 방해하고 저지하는 파괴적인 의미로 해석할 필요는 없다. 어쩌면 우리가 생각하지 못한 완벽한 해법을 찾는 기회가 될 수도 있다. 하나를 선택하는 것이 더 쉽다. 그러나 언제나 불편을 무릅쓰고 양쪽을 조화시키기 위해 노력하는 사람만이 승리할 수 있다.

어느 한쪽에서 일을 바라보려는 태도를 버리자. 상충하고 대립할 수밖에 없다고 인정하자. 다양한 의견과 견해는 일의 본질을 찾는 기회를 제공한다. 개인과 조직이 일을 통해 이익을 얻는 것, 구성원의 여가가 늘어나는 가운데 조직의 성과도 높아지는 것. 그 모든 것이 절대 불가능한 일이 아니다.

앞서 살펴본 여러 회사의 사례가 이를 증명한다. 처한 상황은 비슷했다. 그들이 다른 회사와 달랐던 것은 바로 시각이다. 서로 부딪히는 개념들을 잘 어우르게 하는 시각이 그들에겐 있었다. 일하는 방식을 바꾸는 과정이 결국 여러 관점의 공통점을 찾아가는 과정임을 우리는 잊지 말아야 한다.

감사의 말

어느 날 아침, 일터를 향하는 수많은 직장인의 얼굴을 보았다. 활기찬 아침임에도 그들의 얼굴은 밝지 않았다. '하기 싫은, 재미와 보람을 찾을 수 없는 일을 해야 하므로 사람들의 표정이 어두운 것은 아닐까?' 하는 의문이 들었다. 그때 언젠가 '일'을 주제로 책을 쓰고 싶다고 생각했다. 그것이 벌써 10년도 한참 전의 일이다.

묵혀 두었던 그 아침의 구상을 정확히 찾아내 출판을 제안해준 위즈덤하우스 류혜정 부서장님께 먼저 감사의 말씀을 전하고 싶다. 구상이 책이 되기까지 많은 도움을 받았다. 가르침을 주신 은사님들, 함께 일하며 아이디어와 통찰을 준 동료들에게도 많은 빚을 졌다. 적지 않은 시간을 저술을 위해 사용할 수 있도록 배려해준 LG경제연구원에도 고마운 마음뿐이다. 거친 원고를 다듬어준 위즈덤하우스 임경은 대리님께도 감사

252

의 말을 전한다.

힘들 때 기댈 곳은 역시 가족이었다. 책을 핑계로 무심했음에도 곁에서 힘을 준 아내 민선과 어머니, 동생 승엽, 장인, 장모님께는 어떠한 말로도 고마움을 표하기 어렵다. 반려묘 구슬이까지 애교로 작업을 외롭지 않게 도왔다.

하지만 글을 쓰며 왠지 가장 많이 떠오른 분은 이 책을 보고 가장 기뻐하셨을, 하지만 이제는 뵐 수 없는 아버지다. 이 책을 가장 먼저 아버지에게 드리고 싶다.

주석

1) Kurt Badenhousen, 'The Highest-Paid Athletes Of The Decade', 〈Forbes〉, 2019.12.23

2) http://compuboxonline.com

3) Hsee, C.K., Yang, A.X., & Wang, L., 'Idleness Aversion and the Need for Justifiable Busyness', 〈Psychological Science〉, 2010, 21(7), 926-930

4) 시릴 노스코트 파킨슨 지음, 김광웅 옮김,《파킨슨의 법칙》, 21세기북스

5) 대한상공회의소,《국내기업의 업무방식 실태 보고서》, 2018

6) Felix Warneken & Michael Tomasello, 'Altruistic Helping in Human Infants and Young Chimpanzees', 〈Science〉, 2006, 311(5765)

7) 한나 아렌트 지음, 김선욱 옮김, 《예루살렘의 아이히만》, 한길사

8) 박태우, '폴 크루그먼, 전경련 대담서 주52시간 노동? 더 줄여야', 〈한겨레〉, 2018.06.27

9) 한국경제연구원, 《30대 그룹 상장사 인건비·재무실적 분석》, 2017.08

10) A. Mani, S. Mullainathan, 'Poverty Impedes Cognitive Function', 〈Science〉, 2013, Vol. 341

11) Mike Emlesy, 'Do you know where your budget is?', McKinsey & Company, 2019

12) Chief Marketing Officer Council, 'Mastering Adaptive Customer Engagements', 2014

13) 니덱 사례는 〈닛케이비즈니스〉 특집 기사 '日本電産 真の働き方改革'(2018.03.30)를 참고해 작성함

14) Jonathan Trevor & Barry Varcoe, 'How Aligned is Your Organization?', 〈Harvard Business Review〉, 2017.02

15) Robert S. Kaplan, David P. Norton, 《The Strategy-Focused Organization:How Balanced Scorecard Companies Thrive in the New Business Environment》, Harvard Business School Press, 2000

16) Steve Crabtree et al, 'South Koreans Increasingly Doubtful That Hard Work Pays Off', Gallup, 2018.02

17) William A. Kahn, 'Psychological Conditions of Personal En-

gagement and Disengagement at Work', 〈Academy of Manage-ment Journal〉, 1990, Vol.33, No. 4, 692-724

18) Laurent Probst & Christian Scharff, 'A Strategist's Guide to Up-skilling', 〈strategy+business〉, 2019.07

19) John Donovan & Cathy Benko, 'AT&T's Talent Overhaul', 〈Har-vard Business Review〉 2016.10

20) 윤근혁, '장학사 의전용 학생청소와 일제수업…즉시 없앤다', 〈오마이뉴스〉, 2018.05.18.

21) Robert H. Franck, 《Luxury Fever》, Princeton University Press, 2010

22) 한비자 지음, 김원중 옮김, 《한비자》, 휴머니스트, 2016

23) Anna Steinhage, 'The Pros and Cons of Competition Among Employees', 〈Harvard Business Review〉, 2017

24) Peter Rubinstein et al, 'Blame your worthless workdays on meeting recovery syndrome', BBC, 2019.11.13.

25) 'The social economy:Unlocking value and productivity through social technologies', McKinsey Global Institute, 2012.07

26) 브라이언 로빈슨 지음, 박정숙 옮김, 《워커홀리즘》, 북스넛, 2009

27) 한국경제연구원, 《임금체계 현황 및 개편 방향》, 2019.08

28) 김윤희 지음, 《이완용 평전》, 한계레출판, 2011

29) Timo O. Vuori1 and Quy N. Huy, 'Distributed Attentionand

Shared Emotionsin the InnovationProcess:How Nokia Lost the Smartphone Battle', 〈Administrative Science Quarterly〉, 2015

30) Paul Gantt & Ron Gantt, 'Disaster Psychology, Dispelling the Myths of Panic', 〈Professional Safety〉, 2012.12

31) リクルートワークス研究所,《第35回ワークス大卒求人倍率査》

32) パーソル総合研究所,《労働市場の未来推計》, 2016

33) Deloitte Consulting Japan, '일하는 방식 개혁 실태조사', 2017

34) Recruit Works, '일하는 방법 개혁에 대한 조사', 2017

35) 마틴 노왁, 로저 하이필드 지음, 허준석 옮김,《초협력자》, 사이언스북스, 2012

36) P. Babiak & R. D. Hare,《SNAKES IN SUITS:When Psychopaths Go to Work》, Harper Business, 2006

37) T. Foulk, A.Woolum & A. Erez, 'Catching rudeness is like catching a cold:The contagioneffects of low-intensity negative behaviors', 〈Journal of Applied Psychology〉, 2016

포스트 팬데믹 시대, 가짜 일을 걷어내고 본질에 집중하는 법

이제부터 일하는 방식이 달라집니다

초판 1쇄 인쇄 2020년 6월 4일 **초판 1쇄 발행** 2020년 6월 15일

지은이 강승훈
펴낸이 연준혁

편집 2본부 본부장 유민우
편집 2부서 부서장 류혜정
편집 임경은
디자인 김태수

펴낸곳 ㈜위즈덤하우스 **출판등록** 2000년 5월 23일 제13-1071호
주소 경기도 고양시 일산동구 정발산로 43-20 센트럴프라자 6층
전화 031)936-4000 **팩스** 031)903-3893 **홈페이지** www.wisdomhouse.co.kr

ⓒ 강승훈, 2020

ISBN 979-11-90786-87-4 03320

이 도서의 국립중앙도서관 출판예정도서목록(CIP)은 서지정보유통지원시스템
홈페이지(http://seoji.nl.go.kr)와 국가자료종합목록시스템(http://www.nl.go.kr/
kolisnet)에서 이용하실 수 있습니다. (CIP제어번호: CIP2020022588)